○郭浩 苑洪琪 编著

Traditional Colors of China

中信出版集团 | 北京

**图书在版编目（CIP）数据**

故宫藏毯色彩图典 / 郭浩，苑洪琪编著. -- 北京：中信出版社，2025. 3. -- (中国传统色). -- ISBN 978-7-5217-7414-6

Ⅰ. TS935.75-64

中国国家版本馆CIP数据核字第2025EW9779号

图书策划：中信出版・24小时
特约策划：北京小天下
总 策 划：曹萌瑶
策划编辑：蒲晓天
责任编辑：谢若冰
内容策划：王津
内容编辑：杨雪枫
图片编辑：陈元　韩志信
营销编辑：任俊颖　李慧
书籍设计：李健明

**故宫藏毯色彩图典**

编　　著：郭浩　苑洪琪
出版发行：中信出版集团股份有限公司
　　　　（北京市朝阳区东三环北路27号嘉铭中心　邮编100020）
承 印 者：北京雅昌艺术印刷有限公司

开　　本：720mm×970mm　1/16　　印　　张：10.75　　字　　数：90千字
版　　次：2025年3月第1版　　印　　次：2025年3月第1次印刷
书　　号：ISBN 978-7-5217-7414-6
定　　价：138.00元


本书图片由故宫博物院提供

## 郭浩

文化学者，中国色彩专家，中国传统色的研究者和推广人。现在从事中国传统色彩美学的整理和复建，已出版的著作包括《中国传统色：故宫里的色彩美学》《中国传统色：色彩通识100讲》《中国传统色（青少版）》《中国传统色：国民版色卡》《中国传统色：国色山河》《中国传统色：敦煌里的色彩美学》《故宫服饰色彩图典》等。

## 苑洪琪

故宫博物院研究员。1976年毕业于南开大学历史系，同年进入故宫博物院，从事宫廷文物与宫廷史的研究和展览工作。曾任故宫博物院宫廷部副主任。现负责故宫乾隆花园的文物保护研究项目。曾主办宫廷原状（复原清宫当年的生活）展览和大型的专题展览。在主持、策划展览的同时，注重对故宫建筑的使用与宫廷文物的利用、研究，尤其是对宫廷史的研究。已出版著作《故宫宴》。

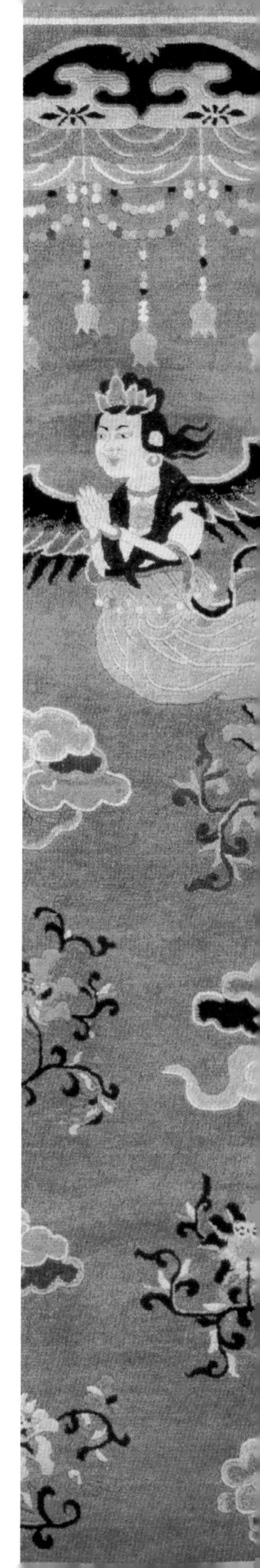

# 踩在地上的软黄金

苑洪琪

我们的祖先把兽毛、兽皮绑系在身上，兽皮虽保暖，却容易脱毛、不耐用。他们有了充足的羊毛之后，开始从事捻线、编织的劳作。古人为了适应环境，在阴暗潮湿和高低不平的洞穴里铺垫一些兽皮、兽毛等来驱寒和防潮，避免让自己与冰冷的地面直接接触。后来经过一代代的努力，人们发现经过整理的皮和毛柔软、富有弹性、手感丰满、保暖性好、舒适、结实、耐用，于是皮和毛的整理方法逐渐演变成编织工艺。聪明的古代人掌握了手工搓绳、编织等初级的羊毛编织、整理技艺，并摸索出用石制和陶制纺轮、纺锤助力加捻毛线的方法，使毛线编织物更加结实、耐久。这些织物白天披在身上可当衣服遮体保暖，夜间铺于身下或盖在身上就是被褥。毛纺织物的出现是人类社会的一大进步，在中国人安居乐业的过程中起到了重要作用。

故宫博物院馆藏的文物当中，有大量的羊毛织物，多为满足清代宫廷生活所需。这些毛织物品种繁多，用途广泛，有铺陈于殿堂、居室的炕毡、炕毯、地毯、壁毯、桌毯，也有冬季挂在窗上、门上驱寒挡风的“窗户挡”（窗帘）、门帘，还有各种坐具，如椅垫、凳套，以及用来制作冬季服装的平纹、斜纹等粗细不同的毛布。可以说，羊毛织物与清代宫廷生活密切相关。

## 一、种类

毡。羊毛毡是目前人类历史记载中最古老的非编织性织品之一，是无经纬线的“无纺布”。它利用羊毛上的鳞片遇到热水时张开竖起的特性，通过外力挤压、搓捣，加湿加热，羊毛纤维相互纠结，且紧密地收缩在一起，形成毡化，这一工艺名为“擀毡”，已有数千年历史。制成的毡片用席子定型，折叠后能恢复原状，展现出羊毛毡柔软强韧、有弹性、不变形的特点。因此，羊毛毡以繁复的工序和结实、耐磨的特点著称。此外，羊毛毡隔热耐潮、冬暖夏凉。

唐及五代，宫廷设有专门的擀毡坊，擀毡要经过选羊毛、晒羊毛、弹羊毛、铺羊毛、喷水、喷油、卷毡帘、捆毡帘、擀毡帘、解帘子压边、洗毡、整形、晒毡等一系列程序，技术含量极高。宋末及元代，当时蒙古族人居住毡包、铺毡作褥，其擀毡技术广泛传播至回族、汉族等多民族杂居区，从此“毡匠”这一职业也应运而生。

元朝是由蒙古族入主中原而建立的统一王朝。元朝在继承中原文化的基础上，保留本民族的一些习俗。在生活上，毛毡可用于铺设、装饰以及制作屏障、庐帐、勒勒车等，其需求极大。元中统三年（1262），燕京和上都（今内蒙古自治区正蓝旗东一带）都设有“毡局”，为宫廷用毡提供方便。清朝入关之初，设毡、毯、帘子三项为一库，额定领催和匠役一百一十四名，亦临时招募工匠。康熙七年（1668）奏准，在沙河（今北京市昌平区沙河镇）建毡作，雇用毡匠一百名，投充毡匠二百名。其匠役均在沙河居住，世袭为业，制造“上用”及“官用”毡制品。“上用”即宫廷御用的毡片，细而柔软，用来制作服装和寝宫居室的铺陈；“官用”则是官府衙署等使用的相对粗粝的毡片，用于炕毡、地毡、床毡及毡房等。宫廷中毡的使用非常广泛，比如皇帝举行大典、处理朝政的殿宇，冬季为保暖，会在墙壁上挂毛毡；皇帝、后妃的寝床、床榻、宝座、椅凳等，均铺设防寒防潮的各类黄毡、白毡和花毡等。

据内务府造办处《各作成做活计清档》记载，乾隆帝退位养老的宁寿宫落成后，殿堂内装修与铺毡同时进行。乾隆帝曾多次关心“铺毡”事宜，乾隆三十九年（1774）十二月以及乾隆四十年（1775）四月和十一月先后传谕：“养性殿、乐寿堂、颐和轩、景福宫宝座床上着铺花毡。”这四座殿宇，共用黄地红花猩猩毡七板，红地黑花猩猩毡二板，宝座床毡四十五块，花猩猩毡三十八块。之后，又依乾隆帝的旨意，在颐和轩、景福宫等处的寝床、坐床铺用了黄地黑花猩猩毡、白地大花猩猩毡、白地碎花猩猩毡、绿地黑花猩猩毡等八十块。

宫廷用的铺床毡、宝座坐褥毡等多为黄色和红色，也有单色的毡，比如细毡是绿色，猩猩毡是红色。乾隆帝传谕，宝座床用“花毡”，是在单色毡面上用宫廷特制纹饰的木模加印纹饰。纹饰多以牡丹、缠枝莲、勾莲、宝相花、菊花、海棠花、百合、萱草、惠兰等花卉为主，表达了吉祥富贵的美好寓意。

毛毡还经常用于建筑内檐装饰的围墙。太和殿冬季举行大典礼，殿内四壁张挂绘画细毡保暖。乾清宫以北的寝居殿宇，冬季亦用毛毡挂壁挡风驱寒。它不仅实用，还为漫长冬季的深深宫苑增添赏心悦目的花纹与色彩。

毯。故宫博物院馆藏毯类文物的编织方式多样，有经纬线织四枚斜纹的漳绒炕毯、纱地纳绣的床毯、平纹缂丝毛的挂毯、盘金银线丝壁毯、哆罗呢印花拜毯等。

唐代诗人岑参在《玉门关盖将军歌》中写道，“暖屋绣帘红地炉，织成壁衣花氍毹”。这句诗中的“氍毹”就是古代织着花纹的毛毯。在古代，毛毯又称“毛席”。《物原》载：“毯，毛席也，上织五色花。神农做席，尧始名毯。”用羊毛编织的“席”“罽”等织物，都是毯的前身。

高坐具出现之前，古人坐卧都在席子上。夏天有草席、竹席，冬天用毛席。《魏书》记载，月氏“其人工巧，雕文、刻镂、织罽”

（罽就是经过编织的毛织物）；古籍《说文解字》亦有“席，藉也”。宋代以后，随着垂足坐具的发展，毯的功能多样化，有炕毯、壁毯、踏毯、马鞍毯和舞台毯等，毯子的色彩、纹饰也多种多样，集装饰性和实用性于一体。故宫藏毯中数量最多的是栽绒毯。

毛织物的产生是栽绒毯出现的重要基础。先民常从动物身上剥下毛皮，把其当作席褥和盖被，但兽毛易脱落，不耐用。于是人们又开始仿照牲畜身上生长的丛丛毛束，摸索着将捻成的毛线拴在毛织物的经纬上，这样既能增加织物厚度，更好地抵御寒冷，又使织物更结实、牢固和耐用。

“道数”是毯子制作的专用术语，指的是经线与纬线的交叉。评价一块毯子的好坏，除了看材质、图案，道数也是一个标准，道数越多就表明毯子做工越好。栽绒毯的质量和品种由栽绒结的数量及密度来决定，毛毯有九十道、七十道，新疆丝毯有一百二十道。道数决定经线的数量。织一百道的毯子就要挂一百根经线，织一百二十道的毯子就挂一百二十根经线。道数多，就是结多，则毯子厚实，图案精细。编织顺序也比较重要，编织时经线一定要绷紧，然后垂直从下往上编，还要用小锤把纬线砸实，这样毯子才会比较结实。

织毯时用经线、地纬、绒纬（俗称绒头），先将一组地经线与地纬线上下交织成平纹式基础组织，再将染色的绒纬按一定程序拴于基础组织的经线上，以此显示毯子的不同色彩与纹样。栽绒毯多以丝线、麻线、棉线为地经线和地纬线，经线四股合成一股，纬线六股合成一股。经线和纬线的捻向均为 Z 形。起绒部分以彩色羊毛纱栽（拴）“8 字扣”或马蹄扣，每隔两道纬线栽植（结成）一个个独立的栽绒扣，即彩纬。沿纬线自左向右逐个经头打结，打完一层后，前后两经间过一根横向直粗纬，用铣耙砸平，再沿前后经外缘过一根横向弯曲细纬并砸实，最后用荒毛剪将毛线头剪平。经纬之间栽入毛或丝绒后剪平，其根部如栽插绒纬竖立，绒毛紧密簇立，形成高出地毯底基的绒面，“其绒植若秧”，“栽绒”由此得名。栽绒毯为栽织，其特点就是结扣越拽越紧。

故宫博物院馆藏新疆、宁夏、内蒙古、西藏等不同地区的栽绒毯，几种栽绒毯之间既相互借鉴又各自创新，都融入了本地、本民族的独特工艺与装饰风格。其图案精美繁复，装饰风格庄重华丽，寄寓吉祥。故宫博物院馆藏明清栽绒毯的纹饰多体现皇权意志和威严，代表着织毯工艺的最高艺术水准。

故宫博物院馆藏的栽绒毯，一簇簇绒毛挺立，图案丰富多彩，质感细腻，是最高级别的中国地毯。而在这些栽绒毯中，正面“盘织金线”的“盘金银线毯”则是宫廷毯中的极品。盘金银线毯产自新疆，乾隆年间通过皇帝指派定织和地方官进贡等方式，源源不断地进入宫廷。时至今日，“盘金银线毯”仍金光闪耀，柔软如初。盘金银线毯的编织方法是，先把赤金锤打成薄片，然后切割成5毫米宽的金箔，每根金箔相当于6支纱，仅有4根头发那么粗，再缠绕到棉线表层成为金线。接着，在彩纬线（栽绒）织过后，横向在织物表面盘织一条金线或银线，使纹饰更突出、更立体。毯面金银色与彩色互相衬托，更显富丽堂皇，突出了宫廷毯的奢侈豪华。毯子经过盘金银线处理，簇立的绒毛，密度显著增强，大有金镶丝缠的感觉，精美绝伦，巧夺天工。

明清两代，故宫的建筑格局是以“九五之尊”打造的，因此宫内殿宇的开间多以“九”为阔，以“五”为深。这样的开间既高又宽，夏季凉爽，而冬季就要对墙壁、门口、窗户采取保暖措施。殿堂、室内张挂壁毯御寒乃宫廷必需。乾隆帝曾有一首诗《冬夜》，“帘幕重重下，兽炭旋旋然；犹恐寒侵肌，向火争趋前……”，其中的“帘幕”即华贵的挂毯。这些阻挡外面寒风、维持室内温暖的挂毯，也具有室内装饰的重要功用。为此，清朝不惜万里迢迢从新疆招毯匠进宫织毯，从而留下一件件珍贵的文物。

故宫博物院藏毯不仅有栽绒毯，还有缂毛毯。缂是一种编织方法，成品“承空视之，如雕镂之象”，因而得名。缂织是至今唯一不能被机器替代的织造工艺，实有“一寸缂丝一寸金”之称。缂毛实际上是今天我们熟知的缂丝的前身，其工艺以羊毛为原材料。中国新疆楼兰古城汉代遗址中曾出土“中西（域）混合风格”缂毛织品，1972年湖南长沙马王堆汉墓中又发现了缂毛织物，其制作极为精美。缂采用通经回纬的方法，经向纱线上缠绕各色纬线，织成花纹。缂织源自西方，大约汉晋时期随丝绸之路传入中国。隋唐时期，经过中原巧匠的本土化改良，逐渐形成了富有本地特色的缂织花样。两宋时期，缂织技艺的发展日臻成熟。清代宫廷三织造之一苏州织造就曾为宫廷缂织挂毯。

清宫《养心殿造办处各作成做活计清档》曾记载，苏州织造在乾隆三十四年（1769）、三十五年（1770），连续两年为皇帝居住的养心殿寝宫的北窗缂织三件挂毯（档案中称为“窗户挡”）。乾隆帝的旨意本是让苏州织造编织一件长420厘米、宽230厘米的窗户挡。三个月后，毯子织成，送到养心殿寝宫张挂。结果，毯子的尺寸大于窗户，乾隆帝不满意。随即又织第二件，毯子织成后，又因不足“窗口宽”，乾隆帝还是不满意。于是第三次再织，毯子尺寸合适、制作精美，亦随了乾隆帝的心意。

“缂毛”是一种特殊的毛织工艺品，经彩纬显现花纹，形成花纹边界，具有雕琢、镂刻和双面立体的效果，采用平纹“通经断纬”的缂织方法。缂织使用平纹木织机装经线，经线下衬画稿范本，织工透过经丝，用毛笔将画样的彩色图案描绘在经丝面上，再分别用长约10厘米、装有各种丝线的舟形小梭依图案分块缂织。同一种色彩的纬线不必穿过整个幅面，只需根据纹样的轮廓或色彩的变化不断换梭。缂织能自由变换色彩，因而特别适合书画作品。彩纬的结构要遵循“细经粗纬”“白经彩纬”“直经曲纬”的原则。花纹与素地之间以及色与色之间呈现一些断痕，类似刀刻的形象，山水、人物、花鸟等纹样的边界仿佛针孔，自然、整齐、匀称。成品的花纹正反两面如一，呈现如雕似刻的奇特效果。缂毛挂毯构图复杂，编织精细，只有帝王家族才可享用。

**氆氇、哆罗呢。**“氆氇”为藏语音译，两千多年前我国西藏的民族手工产品中就有氆氇。古代的西藏盛产羊毛，不产棉花。在农区、半农半牧区，几乎所有的妇女都能编会织，家家户户仍然保留着藏族民间的传统纺织手工艺。当地有“女人不会纺织就不算女人”的说法，氆氇在西藏就如棉布在内地一样重要且普及。

氆氇又称藏毛呢，有薄厚、粗细之分，工艺十分复杂。羊毛剪下后，需经过洗毛、晒毛、梳毛、捻线、上织机织图、着色、浆染、揉搓、褪洗、晾晒等十余道工序。编织氆氇用的木梭织机，宽度为一肘左右，长度不限。传统的经纬编织法有：单经单纬平织，细线密度大；双经双纬漏孔织，斜交呈菱形格；单经单纬交织呈人字格；双经双纬漏孔织，平交呈正方形；细经粗纬上下交织；双经双纬交织呈人字格纹；经少纬多平行交织；双经双纬斜交漏孔织；粗经细纬交织呈颗粒状纹；三色线交错编织几何纹带子等。最上乘的氆氇叫“噶秧”，是用羊脖子和羊肚子附近的绒毛编织出来的，格外精细、柔软，曾作为宫廷的贡品。接下来依次是刷下来的羊绒织的细毛氆氇，剪下来的羊绒织的细毛氆氇，刷下来的细羊毛织成的中等氆氇，剪下来的细羊毛搓成绒线织成的粗氆氇，较为劣质的粗羊毛织成的粗糙氆氇。这些氆氇做出的藏袍在档次上也有很大差别。氆氇藏袍多为绛红色，保暖性强，崭新或上等氆氇藏袍结实耐用，一年四季均可穿着。旧时贵族、领主参加重要活动穿氆氇，牧民放牧、农民下地干活也穿氆氇，但两种氆氇的质地和粗细有着明显的差异。

氆氇有平纹“十”字交叉纺织法和斜纹“人”字编织法，色彩搭配以五彩为主。五彩即蓝、白、红、绿、黄五种颜色，分别象征着蓝天、白云、火焰、绿水和大地，并且在深层次上分别代表木、金、火、水、土五行，蕴含悠久的五行文化。

故宫博物院馆藏氆氇以西宁羊毛为原料，用小型木梭织机编织，门幅宽 21~24 厘米。氆氇以白色斜纹为地，染成黑、红、绿等颜色，用绞缬法扎染十字、花朵等纹饰。

哆罗呢是一种宽幅毛织呢料，可用来制作较厚的服装，但用在织毯上就是一种由珍贵的精梳毛纱织成的薄型平纹织物。

故宫博物院馆藏红、黄、蓝、绿、驼等多种颜色单面印花的哆罗呢炕（床）单、桌套、椅垫等，质地精密，手感滑爽，舒适挺括，富有弹性。清代晚期，宫廷用红色哆罗呢为光绪帝大婚的坤宁宫东暖阁洞房，刺绣一整套龙凤双喜、葫芦万代等图案的壁衣、地衣、门帘、炕单。同时用黄色哆罗呢为坤宁宫正殿祭神大炕，绣制百鸟朝凤图案的炕单。

故宫博物院还藏有双面异色哆罗呢，比如红、蓝双色，绿、驼双色等。平纹组织交织成经纬密度较大的织物，用双经轴织成双面效果。双色哆罗呢表面有细密的绒毛，面料整体肌理顺滑、手感细腻，并有含蓄的光泽。

哆罗呢最早产自荷兰，是一种来自西洋的呢绒。据《钦定大清会典事例》记载，顺治十三年（1656），荷兰向清政府进贡的清单上就有哆罗呢。康熙六年（1667），又进贡哆罗呢和哆罗绒。康熙九年（1670），西洋国进贡哆罗绒。雍正五年（1727），西洋国进贡大红哆罗呢，乾隆十七年（1752）又进贡各色哆罗呢。顺治、康熙、雍正时期，荷兰曾多次向中国进贡哆罗呢。根据《池北偶谈》，康熙二十五年（1686）的一次进贡中，就有“大哆罗绒（呢）十五匹、中哆罗绒（呢）十匹、织金大绒毯四领……”，数量非常可观。

西方传教士艾儒略在《西方答问》中谈到西方土产时说：“至于蚕丝、棉花、花草诸果品，种种皆同。所异者如绒缎之类，有锁袱、哆罗绒，有金银丝缎，一匹值一二百金。”足见这种舶来品的昂贵。

## 二、纹饰与寓意

说到毯子，一向有“远看颜色近看花”的共识。无论是地毯还是炕毯，在一定的视觉空间内，首先看到的是毯子的纹饰。

毯子的纹饰出现于什么时代？尚不可考。毯子最初是游牧民族制作并用来抵御寒冬的生活必需品，编织艺术也由此产生，可能是古人在漫长的冬季里享受毯子的舒适、温暖的同时，又感到单调。

为了随时享受春天的气息，萌发了创作花毯的动机，便将草原上出现的颜色编织到毯子上，于是有了色泽丰富、编织精密的地毯、炕毯、壁毯、坐毯……毯子上有了纹饰，与史前时代彩陶、殷商时代青铜以及春秋至秦汉许多文物出现纹饰一样，是人们对精美纹饰的主动认识与掌握。

清代毯子的纹样“言必有意，意必吉祥”。为了表达美好意愿，将一件物品或一组图案用吉祥之名加以诠释，清初早已广泛使用。昭梿在《啸亭续录》中载，“康熙朝有‘富贵不断’‘江山万代’‘历元五福’诸名目”。然而，清代宫廷用毯的纹饰在表现富贵长久的同时，又融入象征皇帝的龙纹、代表皇后的凤纹，以及曲水纹、缠枝纹、几何纹等，形成了固有的风格和专用的纹饰。

**龙纹**。龙是汉族最古老的图腾。在远古时期，人们敬畏自然、崇拜神力，于是就创造了这样一个呼风唤雨、法力无边的偶像。龙的形象在传说里有多种类型，其纹样在不同时期各有特点。汉代之前有夔龙、螭龙等，头、眼、角、嘴等部位不甚清晰；唐朝盛世龙的眼神犀利，细颈长身，身姿矫健，充满力量；宋朝时期“角似鹿、头似驼、眼似兔、项似蛇、腹似蜃、鳞似鱼、爪似鹰、掌似虎、耳似牛”（宋代罗愿《尔雅翼》）；元代龙纹较为凶猛，虽然有着细脖、细腿、细爪和细尾，但刚劲有力，象征元朝统治者以武得天下的刚强气魄；明代龙纹凶猛威武，胸前饰有曲折的绶带，身披火焰，怒发冲冠，咆哮于波涛、祥云之间；清代龙纹气宇轩昂，龙首后勺丰满、身躯健硕，以庞然大物之态，行震天动地之威……龙的形象无论怎样变化，在人们的潜意识里龙都是身长、眼睛突出、嘴边有长须、爪长且有力、鳞片大，象征着皇权与威严。

明清时期，五爪金龙成为皇帝专用的纹饰，象征权力与富贵，在民间百姓中充满神秘感，体现了人们对龙的崇拜。龙被赋予“天子化身”的内涵，成为封建皇权的标志和御用纹样。尊龙纹、辨等级，围绕皇帝的衣食住行，龙的形象无处不在。

故宫博物院馆藏龙纹毯有着特殊的意义：一是与宫廷建筑的整

体环境紧密相连，毯子的纹饰直接取材于宫廷的建筑装饰；二是毯面的主要纹饰为龙，但并不局限于某一朝代的龙纹。西藏、内蒙古、宁夏都编织龙纹毯，但各有其民族和地域特色。毯子的主图是升龙、降龙或行龙、团龙，与之相配的有五彩斑斓的祥云、八宝、杂宝、海水、江崖等纹饰，毯子的边缘多用夔龙。夔龙是传说中一种没有角的龙，龙尾常为卷草状，又称草龙。夔龙的足、尾高度图案化，转角成方形，即所谓的“拐子”。这种图形在编织毯子的边饰时可灵活使用，有头称夔龙，无头称“拐子龙”，首尾相接、连绵不断，亦有“富贵不到头”“源远流长”之意。形态各异的龙纹不仅用于地毯，还出现在炕毯、墙毯和坐毯中。

缠枝莲纹。莲花象征清正、高雅，缠枝莲图案在唐代非常流行，缠枝蜿蜒、流畅，莲花茂盛、饱满，它是一种极富动感的装饰素材。莲花与牡丹纹样的融合体，被称为宝相花纹。宝相花纹呈饱满而富贵之象，在唐代及明代的丝织品、金银器等物品上经常见到，明代十三陵定陵的出土文物上两色缠枝莲纹饱满、浑圆、雍容华贵。

在故宫藏毯文物中，缠枝莲纹毯和宝相花纹毯的数量仅次于龙纹毯而居第二位。地毯或炕毯的缠枝莲纹，整体布局疏朗，大小花形错落有致，穿枝插叶流畅自如，有“绵绵”的意思，该纹样是富贵、长久的吉祥纹样。清代宫廷毛毯上的缠枝莲纹，枝蔓缠绕，柔美祥和，与故宫内琉璃墙、汉白玉石台基、木制家具、丝织品上的莲花纹相比，花形更加繁复，枝蔓更加盘曲。

清皇室崇仰佛教、道教和萨满教，宫中多处设佛堂、道场以供祭祀。这些场所铺缠枝莲纹、折枝莲纹地毯，与悬挂的佛帔幛幔以及僧人穿着的袈裟金襕上的纹饰相呼应。莲花被佛教尊称为圣洁之花，“莲”因为与“廉”同音，而意味着不同流合污，为人清廉。缠枝延伸流畅，环绕着饱满的莲，象征着清洁高雅，反映了帝王对宗教的虔诚信仰，用意十分深远。此外，在中国的民俗文化中，莲子的寓意是多子，莲花又被视为旺盛生育力的象征。

宝相花纹层叠的花瓣呈盛开状，花头的造型来源于如意云头，花瓣又与牡丹、莲花呼应，花瓣上有细小的齿形，有的花瓣处理成卷曲翻转的小如意头或钝角头，从中不难看出清代中期受西洋文化影响而产生的巴洛克纹样和洛可可纹样的痕迹。宫廷的佛堂、道场等铺设缠枝莲纹地毯，清代萨满教祭祀的场所也铺缠枝莲纹地毯。

锦纹。锦纹的几何纹骨架中饰以团花，外环绕六瓣旋涡形及四瓣如意头皮球花，规整工致。几何纹是各种直线、曲线及圆形、三角形、方形、菱形等构成的规则或不规则纹样。其构图方法有二方连续和四方连续两种。二方连续又称“带状图案”，纹样单位能向左、右或上、下连续成一条带子样图案。其纹样的排列方法很多，有均齐的、平衡的，也有混合的。四方连续，即纹样单位向四周重复地连续、延伸和扩展，可分为梯形连续、菱形连续、四方形连续等方式。传统的纹样呈放射状或旋转式，有大团花、小团花、卷草等。锦纹的骨架组成波状花草纹样，方中套圆，或方圆结合。还有以八边形为中心的八达晕纹，中心为主花，四周向外延展并以各种几何纹作为装饰，呈繁花似锦状，是古代织锦中最为流行的天华锦纹样。也有以六边形为骨架组成的四方连续几何图案，即传统的锁子纹，多作为地毯的边缘纹饰。

锦纹常以各种图案连续构成，有绣球、龟背、花卉、云纹、十字、卍字等。锦纹常与其他纹样结合使用，如与花卉纹结合，寓意是锦上添花。从明清两代皇帝的朝服像中，可见宝座下铺设多样锦纹地毯：放射状、旋转式、方形回环式、大团花间隔小团花式……在故宫博物院藏品中，有多件明代与清代不同时期的锦纹地毯，实物与宫廷绘画相互印证。

吉祥图案。吉祥图案起始于商周，发展于唐宋，盛行于明清。它所表达的含义有富、贵、寿、喜（即象征权力、功名、财富、收获、平安、长寿、婚姻美满、多子多孙等），已成为认知民族精神和旨趣的标志之一，是中国传统文化的重要组成部分。

清代宫廷地毯的吉祥图案有着十分广泛的题材，包括花草树木、蜂鸟鱼虫、飞禽走兽，技艺高超的织毯工匠用经纬线编织代替了绘画。宫廷毯在综合刺绣、绘画、陶瓷、木雕、石刻等各种艺术的基础上，不断吸收新疆、宁夏、内蒙古、西藏的地毯纹饰精华，经造办处活计作坊的匠役精心设计，貌似平凡，却蕴含精美的艺术。

宫廷地毯的纹饰，在传统云纹、花鸟纹的基础上融汇印度佛教的狮子纹、莲花纹；在西域伊斯兰教植物纹、花果纹中加入道教暗八仙纹以及民间寓意为长生不老、安居乐业、多子多孙、乐叙天伦、吉祥如意、荣华富贵的纹饰。宫廷地毯纹样常以“万”“寿”“富贵”为主题，菊花、石竹、灵芝、仙桃、橘子等代表万福万寿，仙鹤、绶带鸟、梅花鹿、蝴蝶象征福、禄、寿，凤凰、牡丹、双喜字等表现荣华富贵。此外，宫廷地毯还有琴、棋、书、画和梅、兰、竹、菊组成的“博古图”和“四君子图”，这些纹样清雅、人文气息浓厚。

## 三、清宫用毯

有了汉代的丝绸之路，我国的地毯曾同丝绸一样横贯中西，联结亚洲、欧洲、非洲等国家，加入中外交流大军。同时，罗马、印度的工艺美术和古伊朗、阿富汗的地毯编织技术也给我国地毯产业带来一定的影响。在我国以牧业为主的新疆、西藏、宁夏、内蒙古等地，人们多以织毯为业，地毯在当地广泛使用，并经过交易远销内地。甘肃武威、内蒙古阿拉善等都是当时十分活跃的交易市场。但地毯编织工艺复杂，费工耗时，编织一条地毯要经过许多环节才能完成。因此，只有皇帝、皇后及贵族才能享用地毯。

清朝发源于东北的满族，其文化背景和生活习惯与金朝、元朝颇为相似。清朝统治者在吸纳中原先进文化的同时，也保留了满族和蒙古族居住毡帐的生活习惯。清太祖努尔哈赤率八旗征战时以毡帐为殿，进入盛京（今沈阳）后，把大政殿、十王亭都建成毡帐的样子，保留至今。1644 年清皇室入关，全部承袭明代故宫的建筑，室内装修、布置及生活习惯为满汉融合，使用毡毯保暖仍是冬季的重中之重。

清代宫廷毯的来源主要有宫内机构编织、地方承接织造、地方进贡、外国进献及朝廷出资购买等。

康熙朝伊始，在造办处下设立专门作坊，毡毯并入皮作。雍正六年（1728），清工部制造库下属的门神、门帘二库增设毯匠九名、毡匠七名，他们是专为清宫廷织毯的御用匠人，专门的织毯机构已经形成。根据宫廷用毯的需要，还不定期增加各种临时匠人。如清初曾有许多从事羊毛加工的“藏毛匠”“蒙古擀毡人”入宫，清代中期造办处又招募“回回毯匠”进宫织毯。这些工匠都拥有高超的编织技术并擅长染色，为宫廷织毯的品种、花色、质量提供了保障。他们根据宫廷所需，编织整毯，也承担修改、织补的任务。乾隆二十七年（1762）正月十四日，“传旨，圆明园殿内地坪着照养心殿地坪现铺毯子一样，抹（采）尺寸交新柱，照尺寸样织回子毯一块送来”。乾隆三十二年（1767）十一月十五日，乾隆帝又下旨，“将串枝花毯在乾清宫东暖阁铺设，红万字花毯在西暖阁铺设，其毯子面宽富裕处裁去，进深不足处接补，着造办处大人们传工部匠人前来照样接补，四面并门口处要花边，得时沿边吊里”。

宫廷用毯种类多、数量大，仅故宫外朝的太和殿内铺满地毯，就需要两千多平方米。要编织这样特殊尺寸的毯子，宫廷织毯匠的能力是远远不够的。宫廷毡毯的另一个来源是皇帝指派地方定织，乾隆年间，甘肃、内蒙古、宁夏等地的地毯业十分发达。随着西南、西北交通变得畅通，编织、染色、图案各方面都有很大的发展，定期向宫廷缴进毡毯。其程序是，由清宫造办处的匠人按照皇帝的旨意，将地毯的尺寸、纹饰核实准确后，绘出小样，呈皇帝御览。待皇帝同意后，再交给地方官，由地方官限时监督编织。雍正四年曾令川陕总督岳钟琪织造花毯，乾隆三十四年也命福隆安织造乾清宫龙毯。

雍正、乾隆年间，是宫廷用毯的黄金时期。当时，宫廷用毯不仅较以前更为精细、多样，更是皇权的象征，为一种“礼仪”的载体。地毯是注重视觉效果的艺术品，讲究制作精美，更讲求颜色的搭配，也就是色相的对比之美。故宫建筑是红墙黄瓦，宫廷毯子就以红色、黄色为主，将整个宫殿烘托得色彩协调、华贵大方。正式地毯有其特殊功能，形式极为复杂，长期以来都具有很强的艺术性，曾使宫廷其他的艺术形式都难以望其项背。

清代皇帝举行朝会典礼和节日筵宴等，殿堂多铺栽绒毯。清代太和殿、中和殿、保和殿与乾清宫的金砖地面都铺满龙纹毯。要铺满这等宽敞的大殿，一般要用一二十块地毯拼接，柱子之间铺一块，遇柱础处随形挖弧衔接，地坪上铺龙纹毯，宝座上铺设龙纹坐垫、靠背和脚踏垫，正中宝座前则是最大、最完整的一块龙纹地毯。整座大殿内大小龙毯匀称协调，与雕龙藻井、龙纹天花、龙纹殿柱交相辉映，浑然一体。在现存的文物中，太和殿曾铺用的龙毯为西藏地方编织的藏毯。

内廷寝宫铺设锦纹或花卉纹地毯。其地毯图案的配色对比强烈，主色调鲜明，既有庄重、典丽、明快的气韵，又有吉祥富贵、万代传承的寓意。根据宫廷用毯的需要，新疆、内蒙古、西藏、青海、宁夏等生产羊毛的地区，每年定量向宫中进献毛毯。各地不同织法、不同风格的毛毯汇聚宫廷，营造出鲜明、多元的艺术特色。

地方承造的毛毯充当宫廷贡品，是宫中毛毯的另一种来源。在封建社会，各地方官都要在其统辖区域内寻觅稀世珍品或土产物品，向皇帝呈交方物。进贡名目有日常贡、年节贡、万寿贡等。毛毯由于费工费时、用料考究、质地柔软、工艺精湛，因而备受织造、关差、督抚等官员的青睐，作为地方“上品”贡奉宫廷。

在故宫的毯类文物中，有一些精美的西洋毛毯，其风格与中国毛毯迥然不同，为外国以贡品、礼品的形式献给清代皇帝，或朝廷通过中外贸易购得。西洋毛毯来自荷兰、意大利、英国、法国、安南（今越南）、暹罗（今泰国）、缅甸等，有各色哆罗呢，还有花纹丰富的波斯毯、艺术壁挂毯等。

乾隆帝曾多次下令粤海关征买洋缎洋毡，仅乾隆二十一年

（1756）就先后传办三次：一次要买外国黄地红花毡、红地黑花毡，一次要买蒙古包不拘花样四色毡子，还有一次要买不拘花样、颜色猩猩毡十块。清宫用毯数量之多、种类之丰富，得益于来源之多。各地织毯工艺有别，装饰风格各异，从而形成宫廷用毯繁花似锦的局面。

## 四、清帝用毯趣闻

康熙、乾隆祖孙二人用毯节俭，传为佳话。织毯工艺历来复杂，毯价高昂，清代皇帝对毯也格外珍惜。康熙帝一块地毯用了几十个年头，雍正帝曾拿父亲用毯节俭的事例教育子孙与廷臣："皇考临御六十余年，躬节行俭。宫廷地毯用至三四十年，犹然整洁。服御之物，一惟质朴，绝少珍奇……用特书此，以诏我子孙。"乾隆帝使用毯子，更是爱护有加。比如对于某些质地、纹饰较好的毯子，只有年节或宫廷筵宴才会拿出来使用。乾隆二十五年（1760）十一月初九日，太监胡世杰传旨："正大光明殿地坪并踏跺上用安宁进的毯子，着沿青布边，摆宴时铺此毯子，不摆宴时仍铺猩猩毡，其毯子向圆明园要。"

在现存的宫廷地毯中，经常能看到拆改、拼接、贴补的现象，反映出宫中用毯节俭的一面。

古毯是中华民族的瑰宝，被称为"踩在地上的软黄金"。在古代丝绸之路上，古毯与丝绸一样，用经纬线编织的古老脉络，贯穿中西方的文化交流。

古毯是一个综合的艺术载体，承载了丰富的信息。悠久历史的积淀，让繁复的工艺日臻完善，造就了宫毯的璀璨文明。清代宫毯达到了顶峰，集之前工艺之大成，纹饰从明代的婉约瑰丽之气中跳脱出来，风格庄重华丽，样式繁复，寄寓吉祥，多体现皇家意志和威严，有极高的艺术价值。

# 远看颜色近看花

## ——中国传统色之宫廷织毯色彩

郭 浩

中国传统色彩美学的研究和整理，迄今我做了六年。这次跟着故宫博物院的苑洪琪老师梳理故宫藏毯的色彩，仿佛时光倒流到2018年9月19日，当时苑老师在故宫八间房的紫禁书院做讲座，讲座的题目是“故宫大婚礼仪”，我坐在第一排听课。

故宫博物院有个“宫囍·龙凤呈祥”文创项目，我是项目启动的执行者，也是策划人，正是由于这个契机，我才走上了整理、复建和推广中国传统色彩美学的道路。在谈到故宫藏毯色彩的时候，苑老师不止一次讲过，地毯会随着时间流逝发生色泽变化，而地毯上那些被家具腿压住、有凹痕的小地方，颜色更接近原来的样子。如能够让故宫藏毯展现出原来的色彩，这个工作将多么有意义。本书是一个新的契机，将来借助工艺复原、数字复原，让故宫藏毯的色彩展现出植物染色手工织毯的极致之美，这是我的愿望，我相信这也是苑老师的愿望。

徘徊在门口，不如推门进去，很多事情都是这个道理：行动解决焦虑。当年在故宫博物院的门外，我徘徊过，后来“推门”进去了；这次在故宫藏毯的门外，我徘徊了一年，因为想讲清楚宫廷织毯色彩，先是体会到入门无路的挫折感，然后从检索文献到寻访匠人，“做时间的朋友”，一点点构建知识体系，就这样打开了植物染色手工织毯的大门。

“远看颜色近看花”，这是染织行业的术语，也是织毯行家挂在嘴边的话。色彩是判断作品水平的第一视角要素，纹样是第二视角要素。染织中的高级工艺品，诸如缂丝、刺绣、织锦、织毯，都不是完全平面的作品，也就是说，其色彩呈现在凸凹结构或者三维结构的材质上。这种颜色的呈现不同于平面材质，立体材质使得织毯形成了独特的色彩美学，第一视角的色彩就注定了高级感。

所以，我想从宫廷织毯的植物染色讲起，直到讲清楚宫廷织毯到底怎么呈现一种独特的色彩美学。

希望读到本书的朋友们，既能够“近距离”体会宫廷织毯的美学意趣，欣赏故宫藏毯艺术，也懂得如何选择自己家里的手工地毯。

## 一、从历史文献中找寻宫廷织毯的染色记录

明代罗颀的《物原》这样定义：“毯，毛席也，上织五色花……”织造毯子，前道工序是染“色”，后道工序才是织“花”。五色是中国传统色中表示色彩斑斓的虚数。染色基本材料是羊毛，有时也会用到蚕丝。

我们看到的故宫藏毯，都是手工织毯。手工织毯根据材料分为纯毛毯、丝毛毯、纯丝毯和丝绒毯。羊毛和蚕丝都是动物纤维，相比植物纤维，色牢度更好，这个特点造就了手工毯明艳和鲜活的色泽。

如今大多数时候，我们接触的都是机织毯，机织毯的颜色通常在十种上下，且同一个图案不会出现渐变色彩。手工毯的颜色远超十种，在大师级手工毯的一朵花上就可以找到一二十种甚至三十种颜色，自然界的花本来就有着微妙的色彩渐变，这是手工毯的色彩密码。

手工毯颜色的微妙差异道不尽，但是染料可以统计。乾隆十四

年（1749）到乾隆四十年（1775）内织染局的《销算染作档案》，记录了四十种颜色和三十四种染色工艺。我在《故宫服饰色彩图典》的序言里，记录了十种颜色和染色工艺，染料包括靛青、红花、苏木、槐子、大黄、黄栌木、黄柏木、橡椀子、五倍子、杏仁油、乌梅、明矾、黑矾、碱等。

上面这些染料都是染丝时使用的，普普通通的几种染料却染出了四十种颜色。前些年我常去故宫西华门内的第一历史档案馆查资料，无独有偶，又发现了新的染料记录——《内务府总管奏报织染局乾隆十七年至二十六年织造及领用折》，抄录如下。

内织染局乾隆十七年四月移于万寿山耕织图，库贮原存如下。

| 染料名称 | 库存数量 |
|---|---|
| 靛青 | 三千五百七十二斤六两四分 |
| 碱 | 三斤三两三钱九分五厘 |
| 红花 | 五十六斤十二两一钱六分 |
| 猪胰子 | 三十一个 |
| 大黄 | 三十斤三两二钱七分九厘 |
| 橡椀子 | 一百三十二斤十四两六钱五分四厘 |
| 黄柏木 | 五斤五两六钱四分三厘 |
| 明矾 | 三十四斤十三两二钱二分八厘 |
| 黑矾 | 十九斤十五两二钱二分五厘 |
| 苏木 | 七十二斤十五两一钱四分五厘 |
| 黄栌木 | 八十八斤十一两六钱一分一厘 |
| 槐子 | 四十二斤四分二厘 |
| 乌梅 | 二十七斤一两八分 |
| 五倍子 | 三斤五钱五分七厘 |
| 栀子 | 三十九斤二两四钱六分 |
| 杏仁油 | 一斤十四两一钱五分二厘 |

乾隆十七年（1752）四月，搬迁至颐和园耕织图的内织染局做过一次库存盘点，全部染料还是只有区区几种，这也印证了前面的判断：普普通通的几种染料却染出了四十种颜色。可惜这也只是染丝的染料记录，我没有找到染毛的染料记录。推测故宫藏毯的主要品种是蒙古毯、宁夏毯和北京毯，它们都不是内织染局的染色，而是内蒙古、宁夏、河北、天津等地的民间染色，染毛的记录有可能保存在民间织毯匠人那里。

上溯宫廷织毯的历史，其中一个鼎盛时期是元代。元代官修政书《经世大典》中存有“工典篇毡罽目”，通常被称作《大元毡罽工物记》，其中记载了元代织毯的染料，这是染毛的染料记录。

《大元毡罽工物记》所记内容为元代皇室历年定制毡罽的情况及所耗羊毛、染料的数量。“御用”中十条载明的具体时间分别是：大德二年（1298）七月二十六日、泰定元年（1324）四月二十四日、泰定元年（1324）十二月一日、泰定二年（1325）闰正月三日、泰定三年（1326）正月二十四日、泰定三年（1326）六月二日、泰定四年（1327）正月二十一日、泰定四年（1327）十二月十六日、泰定五年（1328）二月十五日、泰定五年（1328）二月十六日。“杂用”中九条载明的具体时间分别是：太宗四年（1232）壬辰六月、太宗六年（1234）、中统三年（1262）、延祐六年（1319）九月四日、至治三年（1323）九月十一日、天历元年（1328）九月八日、天历二年（1329）三月六日、天历二年（1329）九月五日、天历二年（1329）十二月。

以“御用”大德二年、“杂用”中统三年为例，看看颜色的染料。

| 染料名称 | 染料数量 | 羊毛数量 | 年度 |
| --- | --- | --- | --- |
| 上等回回茜根 | 一百二十七斤四两二钱五分 | | |
| 淀（青） | 三百五十七斤五两五钱 | | |
| 白矾 | 二百三十三斤一十一两六钱五分 | | |
| 槐子 | 一十二斤一十一两六钱 | | |
| 黄芦 | 五十斤十四两五钱 | | |
| 荆叶 | 一百一斤十三两 | | |
| 牛李 | 一百六十九斤十一两 | | 大德二年（御用） |
| 棠叶 | 八十四斤十三两五钱 | | |
| 橡子 | 一石一斗八分七合 | | |
| 绿矾 | 八斤十四两五钱 | | |
| 落藜灰 | 五斗 | | |
| 花碱 | 十斤二两九钱 | | |
| 石灰 | 六十八斤一两一钱 | | |
| 醋 | 七斗一升一合五勺 | | |

| 染料名称 | 染料数量 | 羊毛数量 | 年度 |
| --- | --- | --- | --- |
| 黄蜡 | 一千一百十三斤一十二两 | | |
| 寒水石 | 六千三百三十六斤 | | |
| 松明子 | 二千五百斤 | | |
| 皂矾 | 五百斤 | | |
| 橡子 | 五十石 | | |
| 桦皮 | 一千五百斤 | | 中统三年（杂用） |
| 小油 | 一千斤 | | |
| 白芨 | 三百六十五斤 | | |
| 羊头骨 | 二百五十斤 | | |
| 白矾 | 一千八百三十七斤 | | |
| 回回淀（青） | 三百八十四斤 | | |
| 槐子 | 一百一十七斤 | | |

续表

| 染料名称 | 染料数量 | 羊毛数量 | 年度 |
| --- | --- | --- | --- |
| 大麦面 | 三百八十四斤 | | |
| 黄芦 | 六百一十二斤 | | |
| 荆叶 | 一千三百八十斤 | | |
| 落藜灰 | 四十九石六斗 | | |
| 石灰 | 一百八十八斤 | | |
| 花碱 | 一百四十四斤 | | |
| 黑沙块子灰 | 一千五百斤 | | |
| 哈喇章茜根 | 三千五百三十五斤四两 | | |

## 二、从故宫藏毯神会植物染色的美学造化

栽绒地毯这种高级织毯带来触觉和视觉的松弛感，还是离不开经纬结构：经线和第一组纬线形成“地基”，染色的第二组纬线在经线上“打结”，向上竖起成为呈现地毯色彩的“簇头”。栽绒地毯是三维结构的材质，它的色彩美学既神秘又难以领会。

或许正是这种“神秘又难以领会”的色彩美学，使得栽绒地毯成为织毯中的“王者”，以及故宫藏毯的主要品种。既然要讲故宫藏毯色彩美学，就要“神会”栽绒地毯色彩呈现的关键还是“簇头”。

栽绒地毯的色彩来自一个个簇头，不同颜色构建起整个地毯的图案，同一颜色也并没有一致的工业标准。如果仔细去看地毯同一颜色的区域，你会发现同一颜色在“波动”。这种波动特别像五线谱上的音阶，颜色的微妙变化始终在五线谱上，毕竟是“同一颜色”，却又有着高低起伏。

这种色彩现象来自羊毛的染色工艺，植物染色在不同批次的染毛上并没有一致性，而是跟随匠人的手工活儿回到颜色的自然属性，即使是同一颜色，每个批次的染毛也会有差异。差异就是颜色的“波动”，如同你可以在一片树林中找到“一万种绿”，但这些绿色又

是和谐的。匠人是懂得这个秘密的，手工栽绒地毯的色彩因此变得不机械、不呆滞，而是呈现大自然的特点，工业化标准被非工业化的植物染色“扰动”后，手工地毯回到了宛如天工的状态。

《中国古毯》（知识出版社，2003 年）根据匠人们的口口相传，将上面说的色彩现象记录为“截色”，这本书是中英双语，“截色”被翻译成了 Jie Se（Jie Color）。“截色在现代新地毯生产中属于质量问题，但在古毯中则是正常现象，一般大规格的古毯都有截色，所以截色就成为鉴别真伪古毯的重要依据。”这句话出自该书，我认为截色不但是鉴别古毯真伪的重要依据，还是打开故宫藏毯色彩美学宝库的钥匙。

然而，Jie Se（Jie Color）并不是截色的正确翻译，在中国以外的地方，截色这种色彩现象也是由匠人口口相传，相当于英文中的 abrash。“如果地毯是用打结法编织的，那么你会发现即便在染了同一种颜色的区域，每一条水平色带之间都有微妙的区别。这种颜色的细微差别被称为‘渐层’（abrash）。”这段话出自《如何解读东方地毯》（湖南美术出版社，2024 年）。

在匠人口口相传的过程中，植物染色手工地毯的这种高级色彩感，凭口音被记录为“截色”两个字，但就色彩的来龙去脉而言，被记录为“阶色”更好一些，至少不会让读者“不明白但是觉得很厉害”。

我第一次听到截色的说法时，就是这种心情。只要“推开门”，其实色彩的真相是可以讲清楚的。

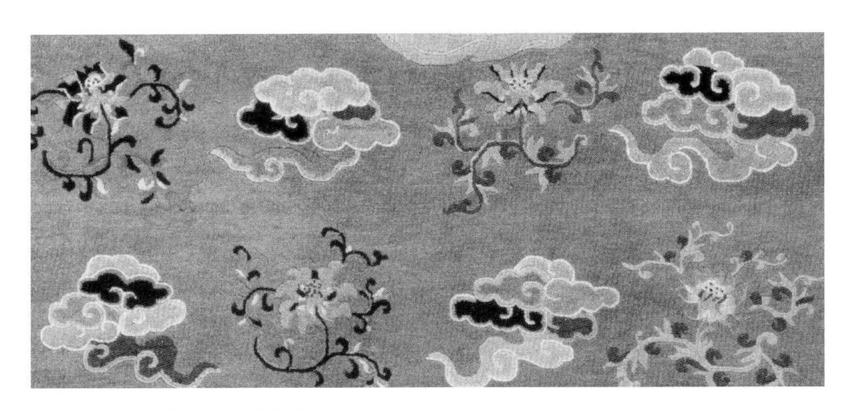

截色（阶色）在故宫藏毯中的呈现
清晚期 栽绒红地龙花人物图毯（局部）

截色或者阶色，虽是人造，却宛若天工，不经意间找回了大自然的色彩感。这种色彩感呈现在三维立体结构的栽绒地毯上，织出一朵花，就活了一朵花。大自然的色彩感是最高级的色彩美学，学会看到故宫藏毯色彩鲜活的一面，由此神会其美学。这让我想起明代王阳明《传习录》里的那句话："你未看此花时，此花与汝心同归于寂；你来看此花时，则此花颜色一时明白起来。"

历代宫廷对地毯、壁毯、炕毯、搭毯的需求都不小，高级织毯不仅有保暖和防潮的功用，还带来触觉和视觉的松弛感。织毯的色彩、纹样产生了"造境"的心理投射，一块毯仿佛一方天地，人类的心理需求在美学上得到了满足。我认为，今天谈论高级织毯时应该搞清楚：毯不仅满足了人类保暖防潮的生理需求和寻求尊重的心理需求，更满足了人类审美的需求。

古代中国人通过诗歌表达自己的美学情趣，诗歌是人类实现自我的重要途径。抄录两首关于高级织毯的古代诗歌，表达与诸君的因缘，一起神会故宫藏毯色彩美学，也以此作为我这篇小序的收尾。

## 红线毯

唐代　白居易

红线毯，择茧缫丝清水煮，拣丝练线红蓝染。

染为红线红于蓝，织作披香殿上毯。

披香殿广十丈余，红线织成可殿铺。

彩丝茸茸香拂拂，线软花虚不胜物。

美人踏上歌舞来，罗袜绣鞋随步没。

太原毯涩毳缕硬，蜀都褥薄锦花冷。

不如此毯温且柔，年年十月来宣州。

宣城太守加样织，自谓为臣能竭力。

百夫同担进宫中，线厚丝多卷不得。

宣城太守知不知？一丈毯，千两丝。

地不知寒人要暖，少夺人衣作地衣！

## 郑宪卿省郎织毯松江还诗以送之

明代　贝琼

鹤城翠织出天机，卷付星查使者归。

瑞草奇花春欲动，彩鸾青雀昼交飞。

峒人不用夸山罽，朝士何须惜地衣。

闻说千秋佳节近，吴宫高会更光辉。

2024 年 7 月 26 日

故宫藏毯色彩图典

中国传统色

# 目录

## 壁毯



## 搭毯

## 地毯



## 炕毯

Traditional
Colors
of China

地毯

明人画《明光宗朱常洛像》轴中的蓝地五彩龙纹栽绒地毯

清人画《玄烨朝服像》轴中的红色栽绒龙纹地毯

文物号　故 00212371

绒高 0.6 厘米

北京

# 栽绒黄地二龙戏珠纹地毯

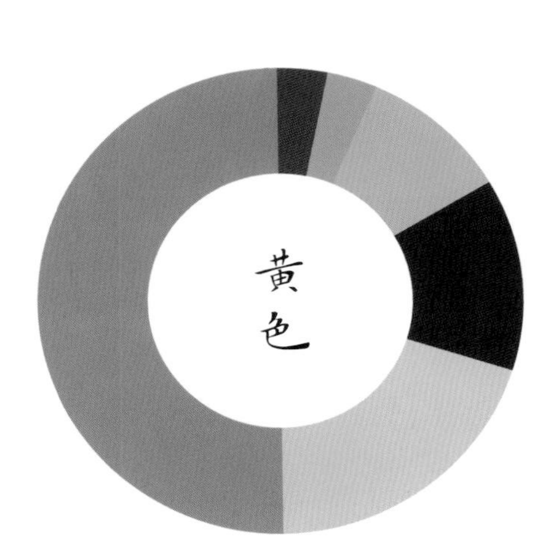


C40 M63 Y88 K0
R169 G110 B54

C24 M32 Y50 K0
R203 G176 B132

C87 M79 Y79 K65
R20 G27 B26

C28 M44 Y76 K0
R195 G150 B76

C35 M56 Y65 K0
R179 G126 B91

C70 M75 Y96 K53
R61 G45 B23

文物号　故 00212049
长 600 厘米　宽 400 厘米
绒高 0.8 厘米
宁夏

# 栽绒白地五彩龙戏珠纹地毯

清顺治

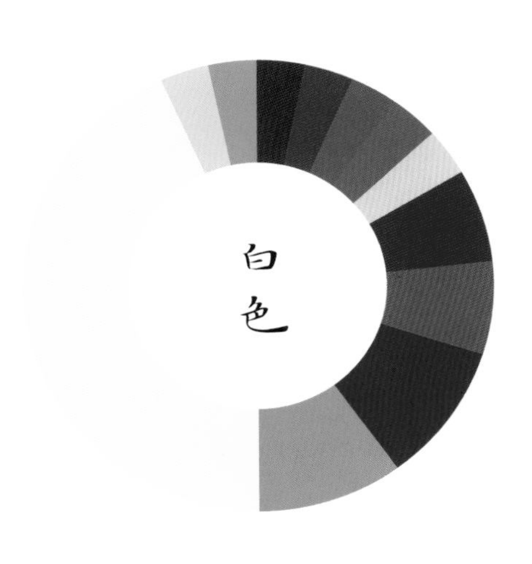


C4 M4 Y12 K0
R248 G245 B230

C28 M54 Y81 K0
R193 G132 B64

C100 M82 Y22 K12
R0 G58 B122

C30 M85 Y100 K16
R167 G62 B27

C42 M97 Y80 K33
R126 G24 B40

C10 M25 Y69 K0
R233 G196 B94

C77 M49 Y85 K7
R71 G110 B70

C83 M53 Y46 K12
R43 G99 B115

C36 M96 Y89 K17
R155 G35 B40

C65 M76 Y78 K54
R67 G42 B35

C22 M60 Y51 K0
R202 G124 B109

C35 M10 Y10 K0
R176 G207 B222

文物号　故 00212365

长 1060 厘米　宽 590 厘米

绒高 1 厘米

北京

# 栽绒黄地二龙戏珠纹大地毯

清早期

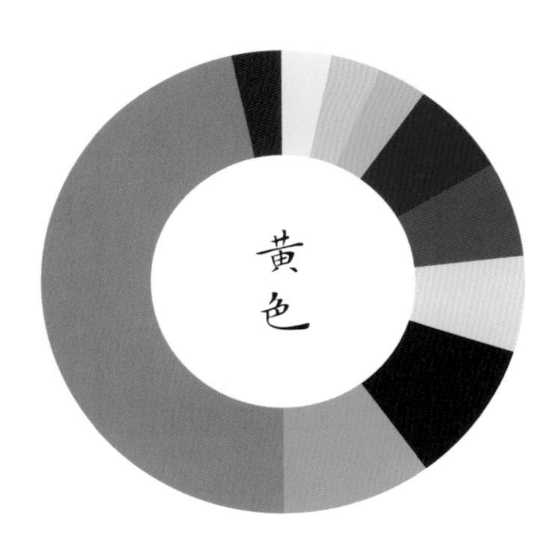


C44 M66 Y100 K0
R161 G103 B38

C33 M52 Y100 K0
R184 G132 B26

C100 M87 Y81 K54
R0 G29 B35

C22 M30 Y50 K0
R208 G181 B134

C82 M62 Y100 K30
R51 G75 B40

C98 M78 Y64 K22
R0 G60 B75

C45 M35 Y75 K0
R158 G155 B85

C21 M42 Y65 K0
R208 G159 B97

[illegible]

C74 M80 Y92 K65
R43 G27 B15

文物号　故 00212262
长 675 厘米　宽 790 厘米
绒高 1 厘米
北京

# 栽绒勾莲二龙戏珠纹地毯

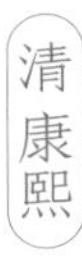

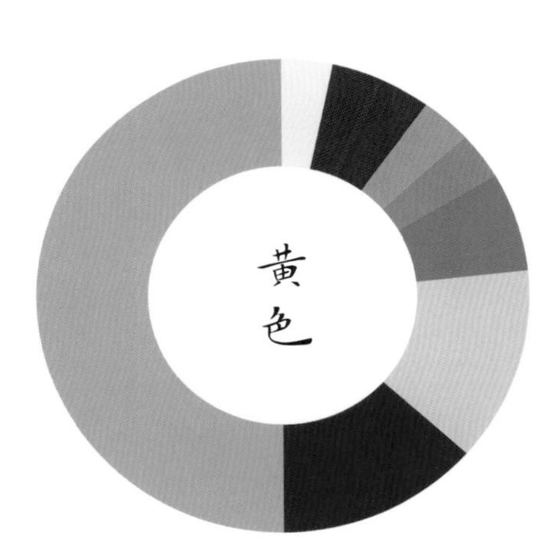


C25 M50 Y78 K0
R199 G141 B69

C98 M83 Y53 K22
R6 G54 B83

C16 M34 Y72 K0
R220 G176 B85

C61 M57 Y82 K11
R114 G104 B65

C74 M46 Y30 K0
R76 G122 B152

C36 M63 Y59 K0
R176 G113 B96

C88 M82 Y64 K45
R34 G42 B56

C69 M77 Y83 K51
R64 G44 B34

文物号　故 00212240
长 560 厘米　宽 315 厘米
绒高 1 厘米
北京

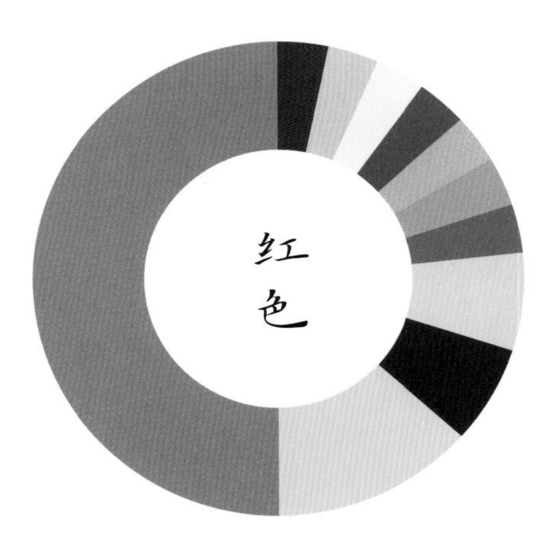

C2 M31 Y65 K0
R246 G191 B100

C68 M76 Y96 K55
R61 G41 B19

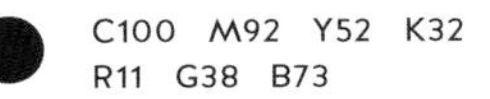


C50 M35 Y79 K0
R146 G151 B80

栽绒红地二龙戏珠纹勾莲边地毯

清 康熙

文物号　故 00212259
长 785 厘米　宽 815 厘米
绒高 1 厘米
宁夏

# 栽绒黄地双狮戏球纹地毯

清光绪

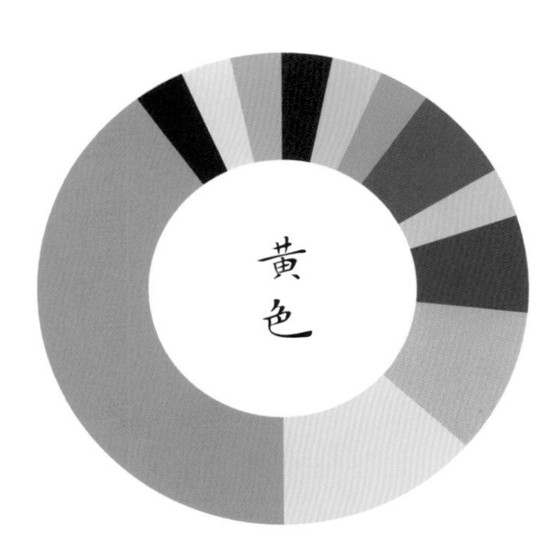


C20 M55 Y76 K0
R208 G134 B70

C84 M61 Y46 K11
R48 G90 B111

C78 M55 Y53 K7
R68 G103 B108

C91 M80 Y60 K33
R32 G53 B71

C75 M77 Y90 K63
R42 G32 B19

C7 M21 Y54 K0
R239 G207 B131

C42 M16 Y17 K0
R159 G191 B203

C26 M52 Y60 K0
R197 G138 B101

C47 M19 Y51 K0
R150 G179 B139

C12 M43 Y73 K0
R225 G161 B79

C75 M52 Y71 K10
R78 G107 B86

C14 M32 Y39 K0
R223 G184 B153

C9 M16 Y29 K0
R235 G217 B186

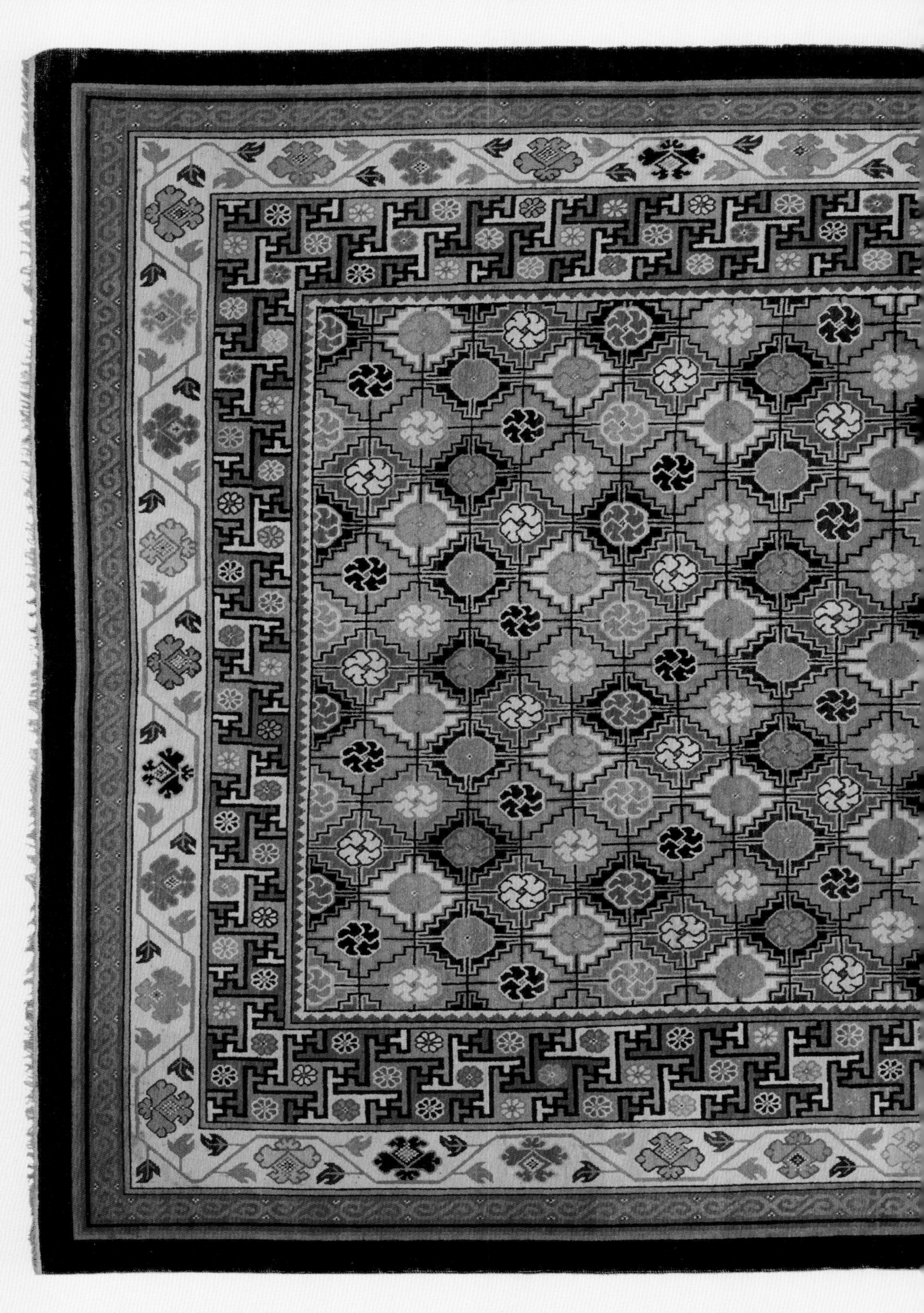

文物号　故 00211966
长 309 厘米　宽 207 厘米
绒高 0.6 厘米
北京

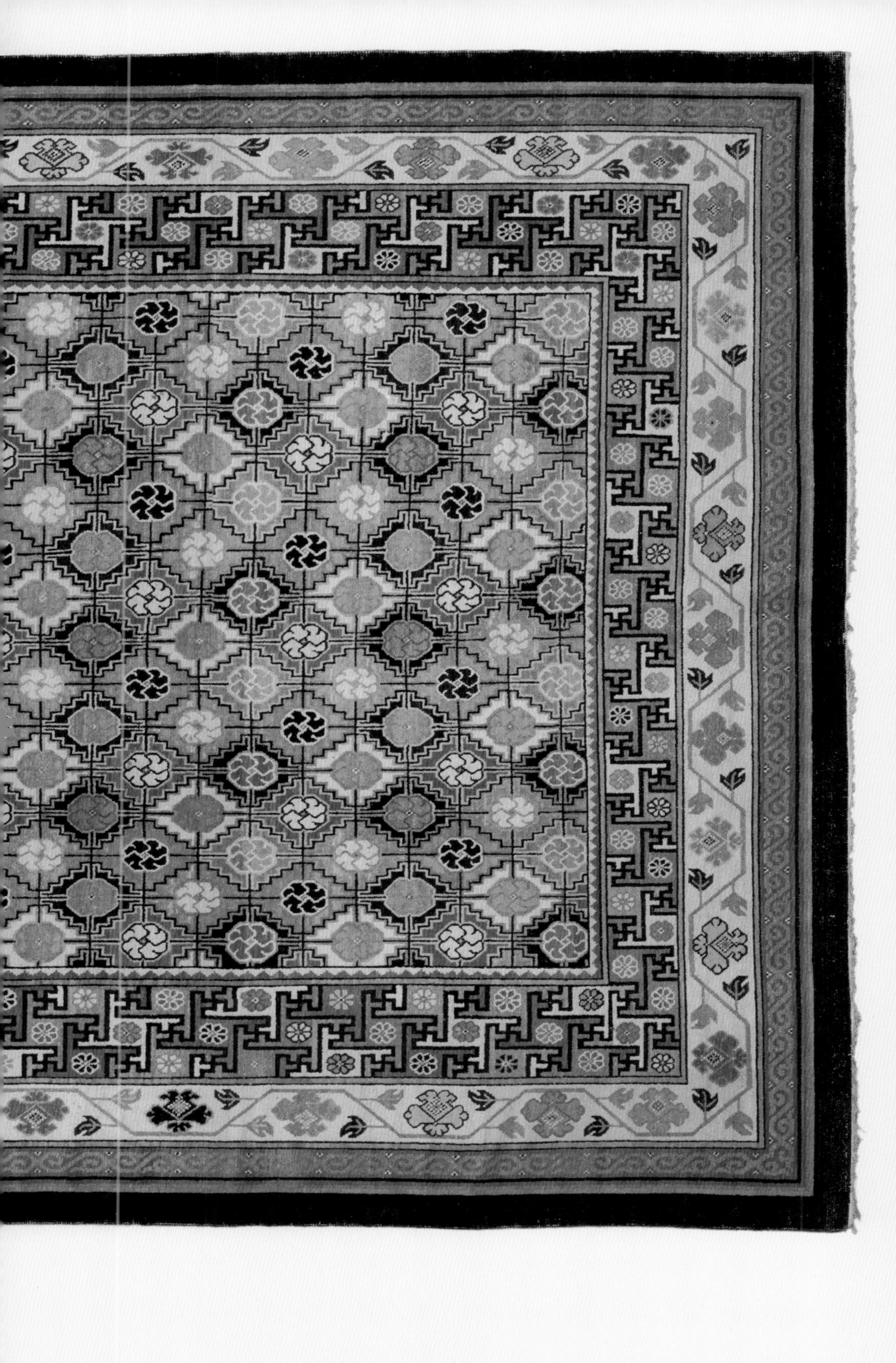

# 栽绒万字锦纹地毯

清康熙

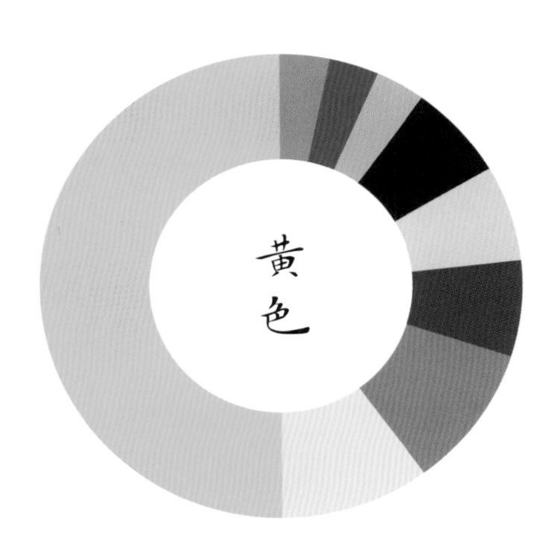


---

C9 M42 Y84 K0
R231 G164 B52

C6 M21 Y38 K0
R240 G209 B164

C30 M74 Y94 K0
R187 G93 B39

C92 M77 Y46 K22
R28 G61 B93

C40 M14 Y19 K0
R164 G196 B202

C80 M84 Y86 K70
R29 G17 B13

C17 M49 Y57 K0
R214 G148 B107

C50 M85 Y100 K10
R140 G63 B38

C40 M57 Y85 K0
R170 G121 B60

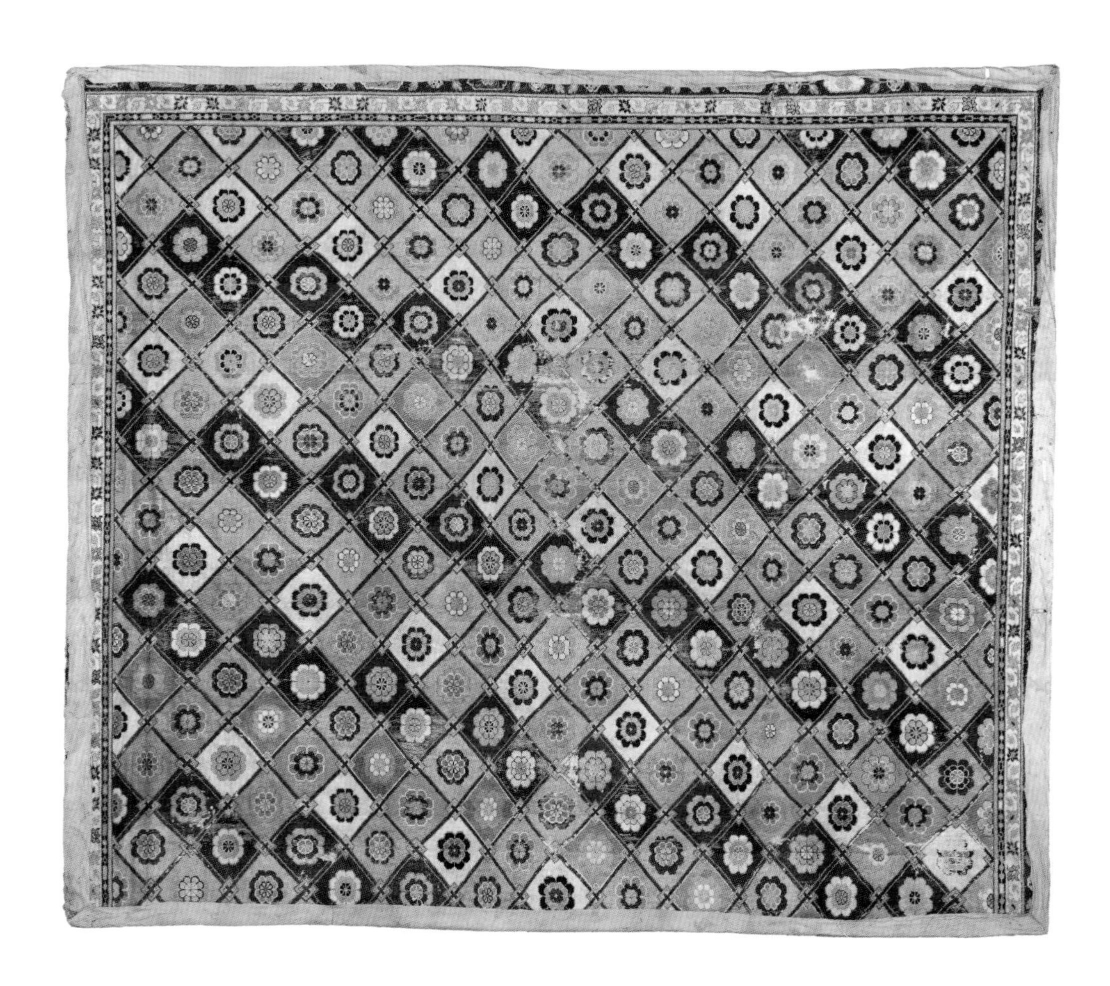

文物号　故 00211975
长 460 厘米　宽 425 厘米
绒高 0.6 厘米
北京

## 栽绒黄地斜方格梅花纹地毯

清光绪

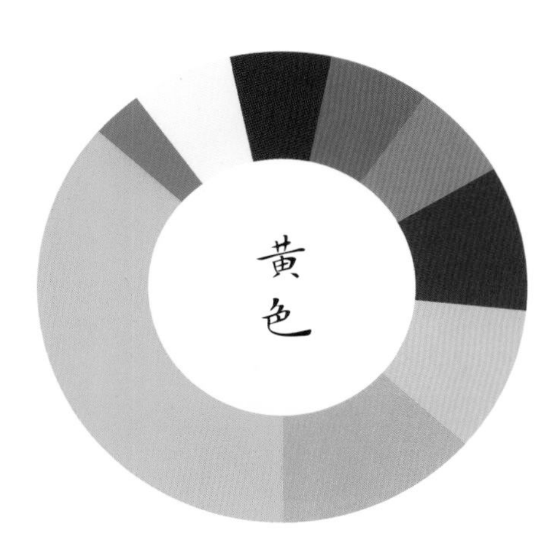


C15 M31 Y94 K0 R223 G180 B14

C12 M50 Y86 K0 R223 G147 B48

C14 M33 Y40 K0 R222 G182 B150

C99 M91 Y35 K2 R25 G54 B117

C27 M67 Y84 K2 R191 G106 B54

C36 M75 Y88 K6 R170 G86 B48

C66 M71 Y76 K56 R62 G46 B36

C8 M4 Y7 K0 R239 G242 B239

C73 M43 Y18 K5 R73 G124 B167

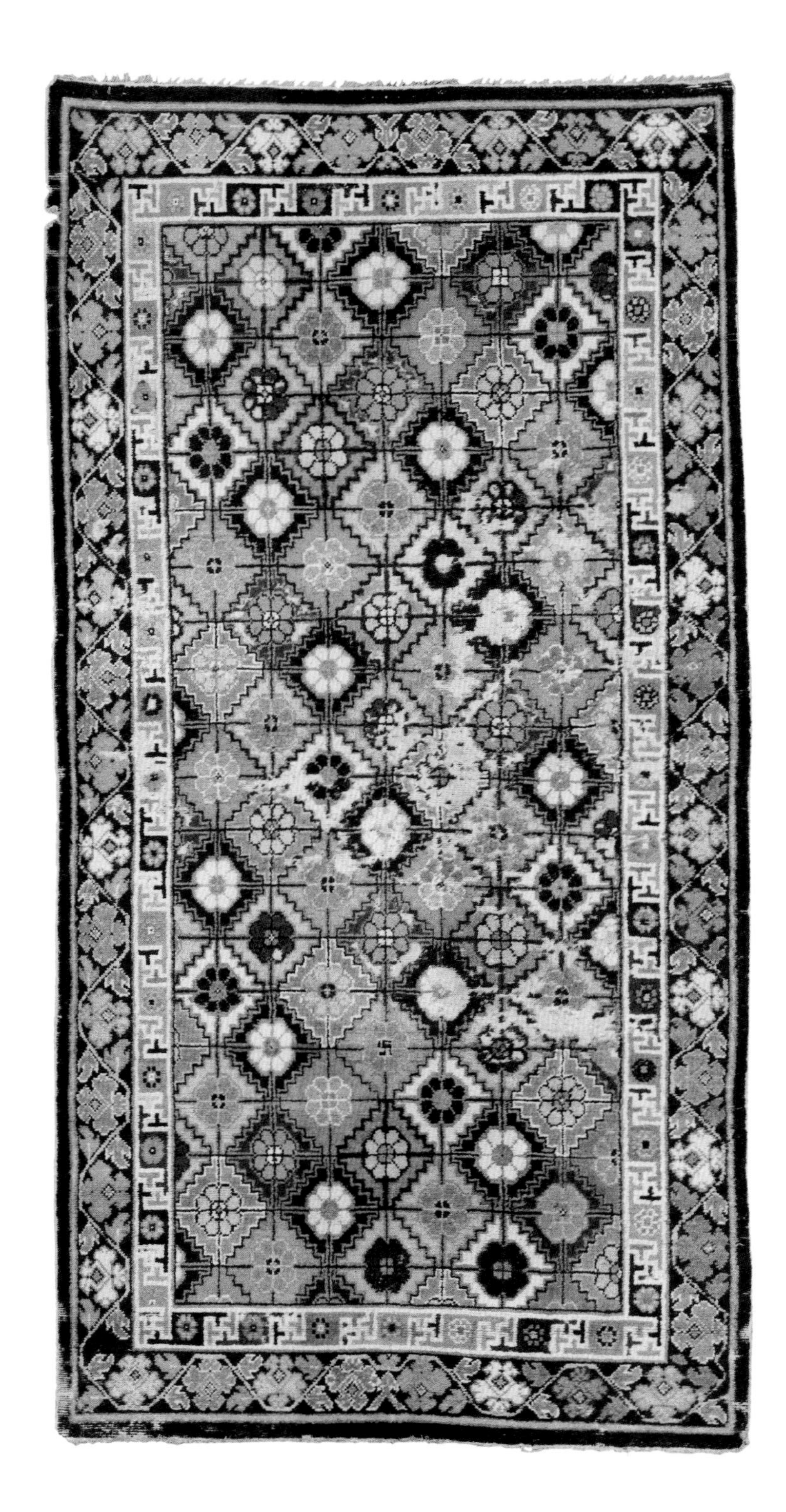

文物号　故 00212336
长 297 厘米　宽 146 厘米
绒高 1 厘米　穗长 2.5 厘米
宁夏

# 栽绒锦花纹牡丹花边地毯

清早期

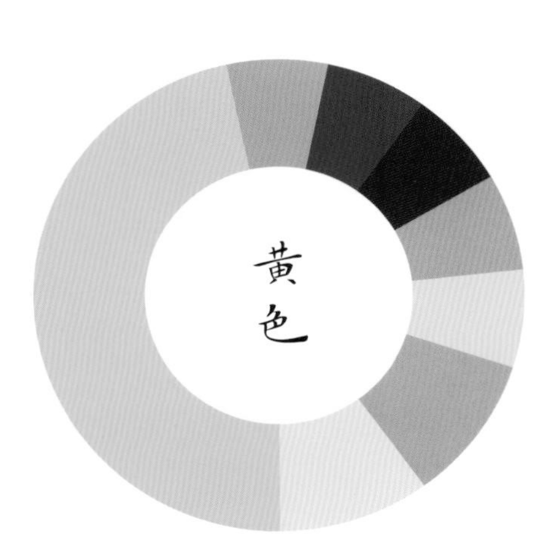


C0 M36 Y73 K0
R248 G181 B78

C0 M22 Y36 K0
R251 G212 B169

C2 M61 Y85 K0
R237 G129 B44

C0 M25 Y58 K0
R251 G204 B119

C4 M64 Y69 K0
R232 G122 B75

C73 M81 Y97 K55
R55 G36 B19

C91 M77 Y46 K12
R36 G67 B100

C30 M40 Y84 K0
R191 G156 B62

文物号　故 00212463

长 224 厘米　宽 133.5 厘米

绒高 1.2 厘米

宁夏

# 栽绒米黄地缠枝莲纹地毯

清早期

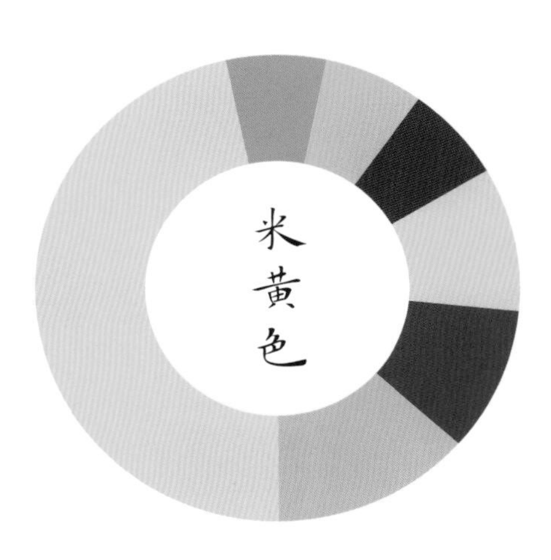


C3 M24 Y49 K0
R246 G205 B140

C15 M33 Y83 K0
R222 G177 B59

C92 M79 Y47 K7
R36 G68 B102

C4 M31 Y76 K0
R243 G188 B74

C68 M77 Y95 K56
R60 G39 B19

C4 M47 Y70 K0
R238 G158 B82

C15 M60 Y88 K0
R216 G126 B44

文物号　故 00212003
长 205 厘米　宽 143 厘米
绒高 0.5 厘米　穗长 4 厘米
宁夏

栽绒米黄地勾莲纹万字边地毯

清早期

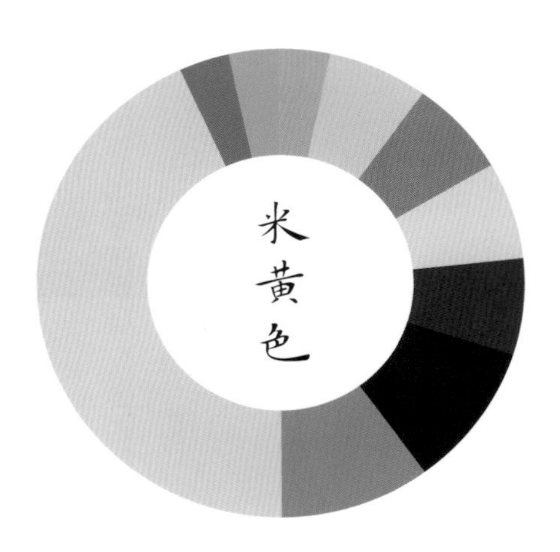


C7 M27 Y52 K0
R238 G196 B131

C74 M46 Y26 K10
R70 G115 B148

C90 M84 Y78 K68
R14 G19 B23

C96 M88 Y67 K37
R18 G41 B58

C8 M33 Y74 K0
R235 G182 B79

C41 M68 Y94 K10
R157 G94 B41

C9 M40 Y66 K0
R231 G169 B94

C43 M42 Y69 K0
R163 G145 B93

C28 M53 Y76 K0
R193 G134 B73

C73 M52 Y67 K4
R86 G111 B93

文物号　故 00211912
长 312 厘米　宽 218 厘米
绒高 0.8 厘米　穗长 5 厘米
宁夏

# 栽绒浅驼地锦花地毯

清早期

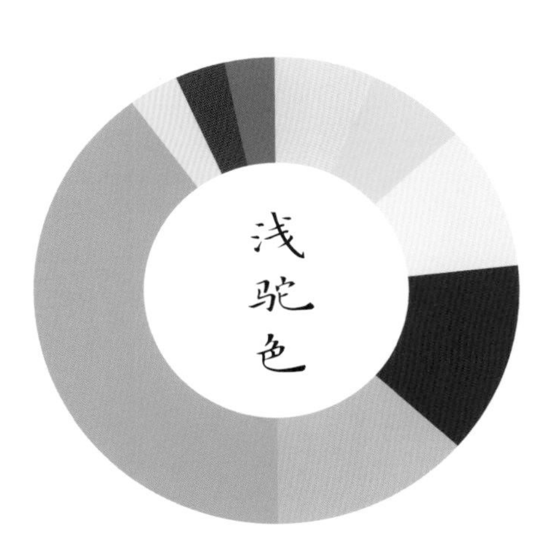


C24 M51 Y50 K0
R200 G141 B118

C20 M40 Y58 K0
R210 G164 B111

C91 M83 Y39 K9
R43 G61 B106

C9 M11 Y20 K0
R236 G227 B208

C26 M11 Y10 K0
R198 G214 B223

C13 M17 Y41 K0
R228 G211 B161

C80 M53 Y30 K0
R58 G109 B146

C74 M73 Y70 K40
R65 G56 B56

C5 M23 Y27 K0
R241 G208 B184

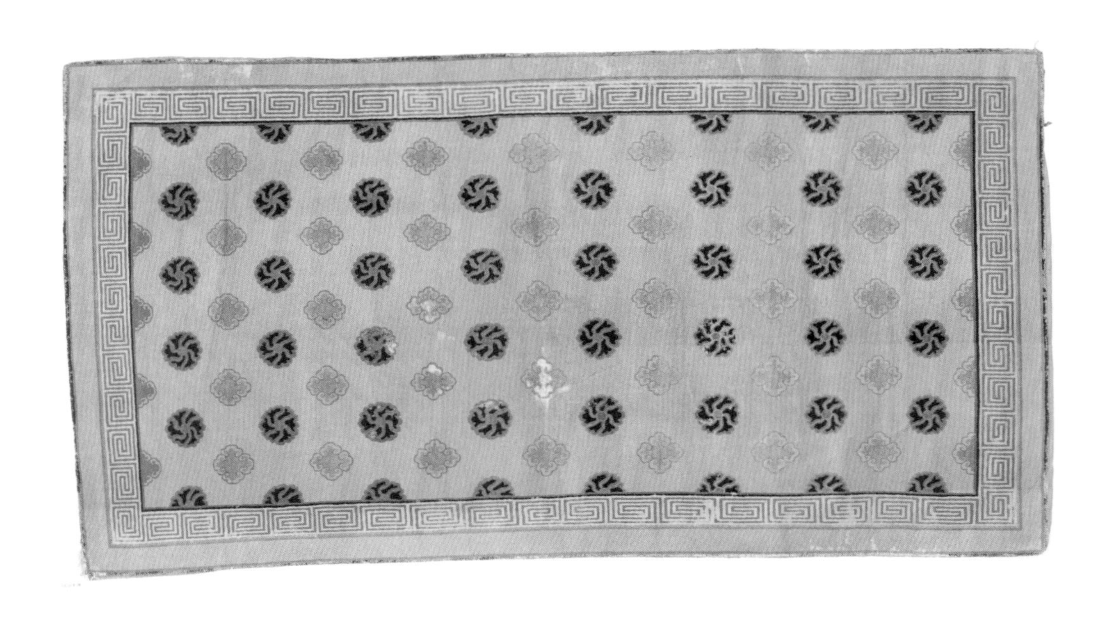

文物号　故 00211913
长 340 厘米　宽 185 厘米
绒高 0.8 厘米
内蒙古

# 栽绒黄地四合如意回纹边毯

清 光绪

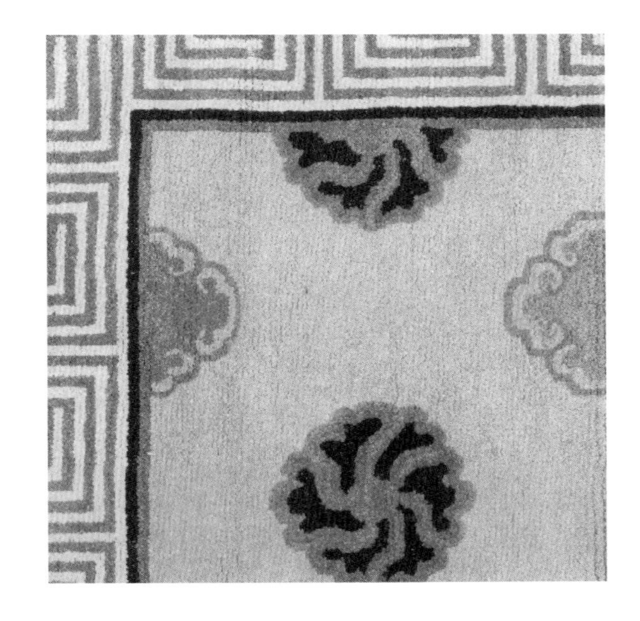

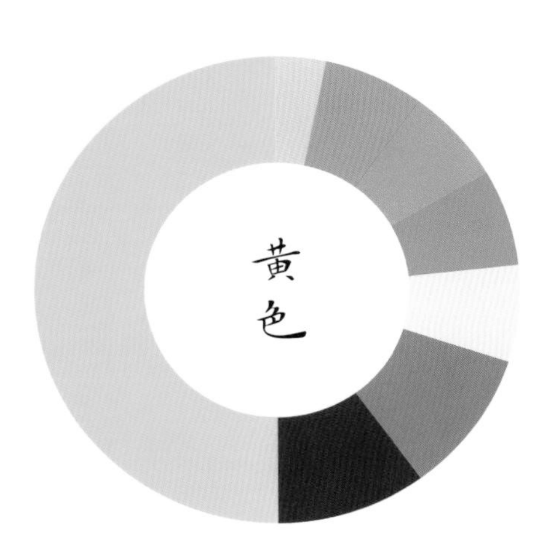


C5 M25 Y81 K0
R243 G198 B61

C2 M14 Y19 K0
R249 G228 B208

C44 M35 Y73 K0
R161 G156 B89

C93 M86 Y38 K8
R39 G57 B106

C25 M60 Y56 K0
R197 G123 B102

C21 M16 Y50 K0
R212 G205 B143

C67 M44 Y10 K0
R96 G130 B181

C14 M57 Y72 K0
R218 G133 B75

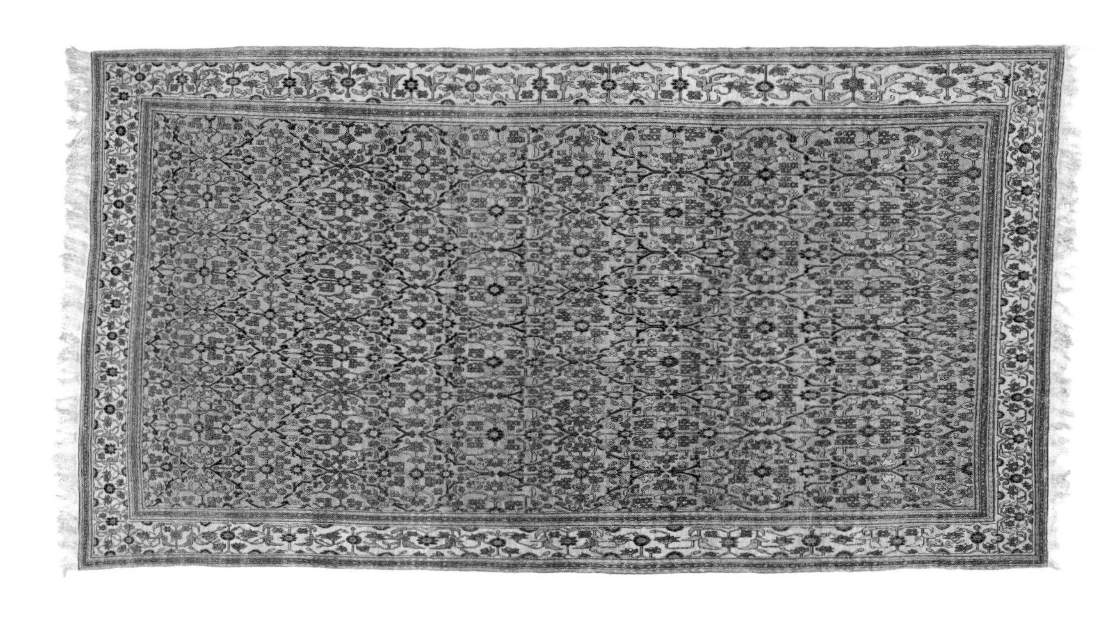

文物号　故 00211994
长 470 厘米　宽 263 厘米
绒高 0.3 厘米　穗长 13 厘米
新疆

# 栽绒金线地莲枝纹地毯

清乾隆

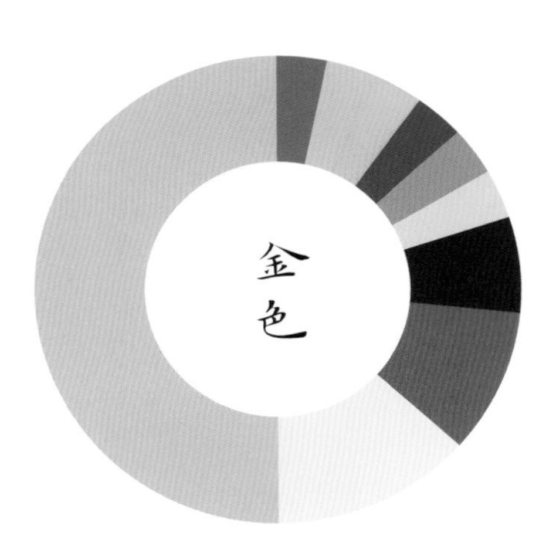


C13 M31 Y62 K0
R226 G184 B108

C96 M92 Y46 K30
R25 G39 B79

C89 M67 Y32 K6
R32 G83 B127

C74 M48 Y60 K3
R80 G117 B106

C5 M12 Y25 K0
R244 G228 B198

C31 M9 Y15 K0
R186 G212 B215

C4 M38 Y72 K0
R240 G175 B81

C31 M91 Y78 K0
R183 G55 B58

C63 M30 Y25 K0
R103 G152 B174

C33 M14 Y49 K0
R185 G198 B146

文物号　故 00211995
长 371 厘米　宽 245 厘米
绒高 0.6 厘米　穗长 10 厘米
新疆

# 栽绒金线地莲枝花地毯

清康熙

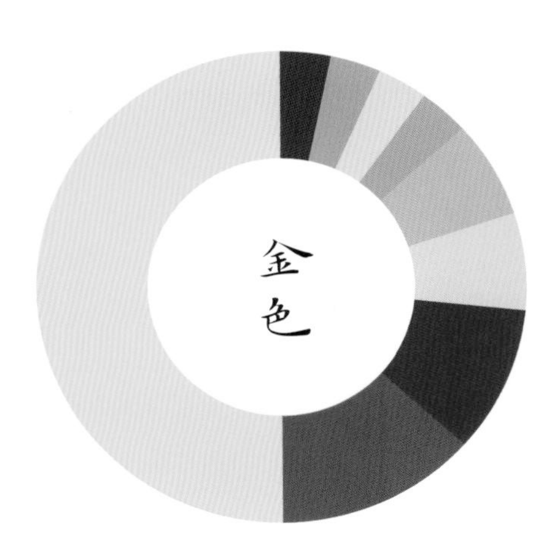


C2 M22 Y55 K0 R249 G208 B128

C30 M94 Y88 K7 R177 G45 B43

C93 M82 Y36 K5 R35 G64 B113

C35 M12 Y12 K0 R176 G204 B217

C44 M16 Y56 K0 R158 G185 B131

C57 M22 Y36 K0 R120 G167 B164

C0 M20 Y72 K0 R253 G211 B86

C7 M62 Y82 K0 R228 G125 B53

C67 M77 Y96 K53 R65 G42 B21

文物号　故 00212368
长 378 厘米　宽 360 厘米
绒高 1 厘米
北京

# 栽绒木红地云龙纹地毯

清雍正

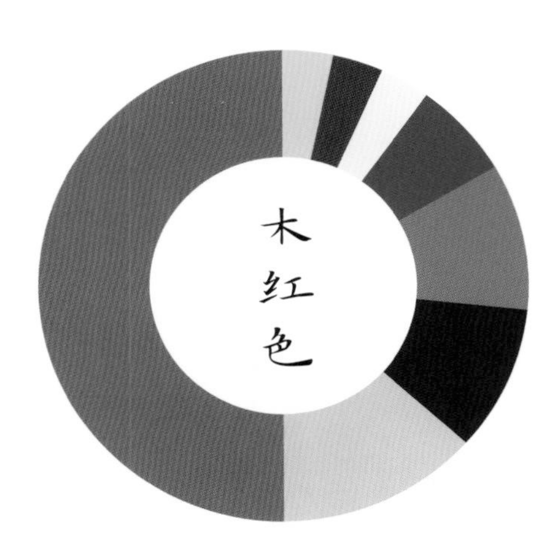


C18 M83 Y96 K22
R176 G63 B22

C6 M23 Y81 K0
R242 G201 B62

C98 M85 Y58 K43
R2 G39 B62

C62 M50 Y76 K28
R95 G98 B64

C90 M63 Y43 K10
R18 G86 B114

C63 M71 Y82 K61
R61 G41 B26

C0 M26 Y86 K0
R251 G199 B40

文物号 故 00212339

长 398 厘米 宽 210 厘米

绒高 0.4 厘米 穗长 13 厘米

新疆

# 栽绒金线地花卉银线边地毯

清乾隆

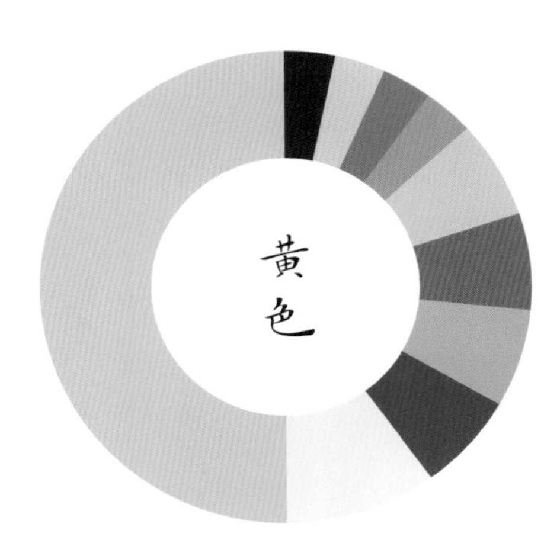


C13 M23 Y44 K0
R227 G200 B150

C11 M6 Y5 K0
R232 G236 B239

C83 M70 Y20 K10
R58 G78 B134

C14 M55 Y39 K0
R217 G138 B132

C32 M84 Y70 K0
R182 G72 B70

C43 M14 Y7 K0
R154 G194 B221

C65 M24 Y26 K0
R92 G159 B178

C70 M36 Y83 K0
R91 G136 B78

C10 M20 Y75 K0
R235 G204 B81

C82 M81 Y85 K46
R47 G43 B38

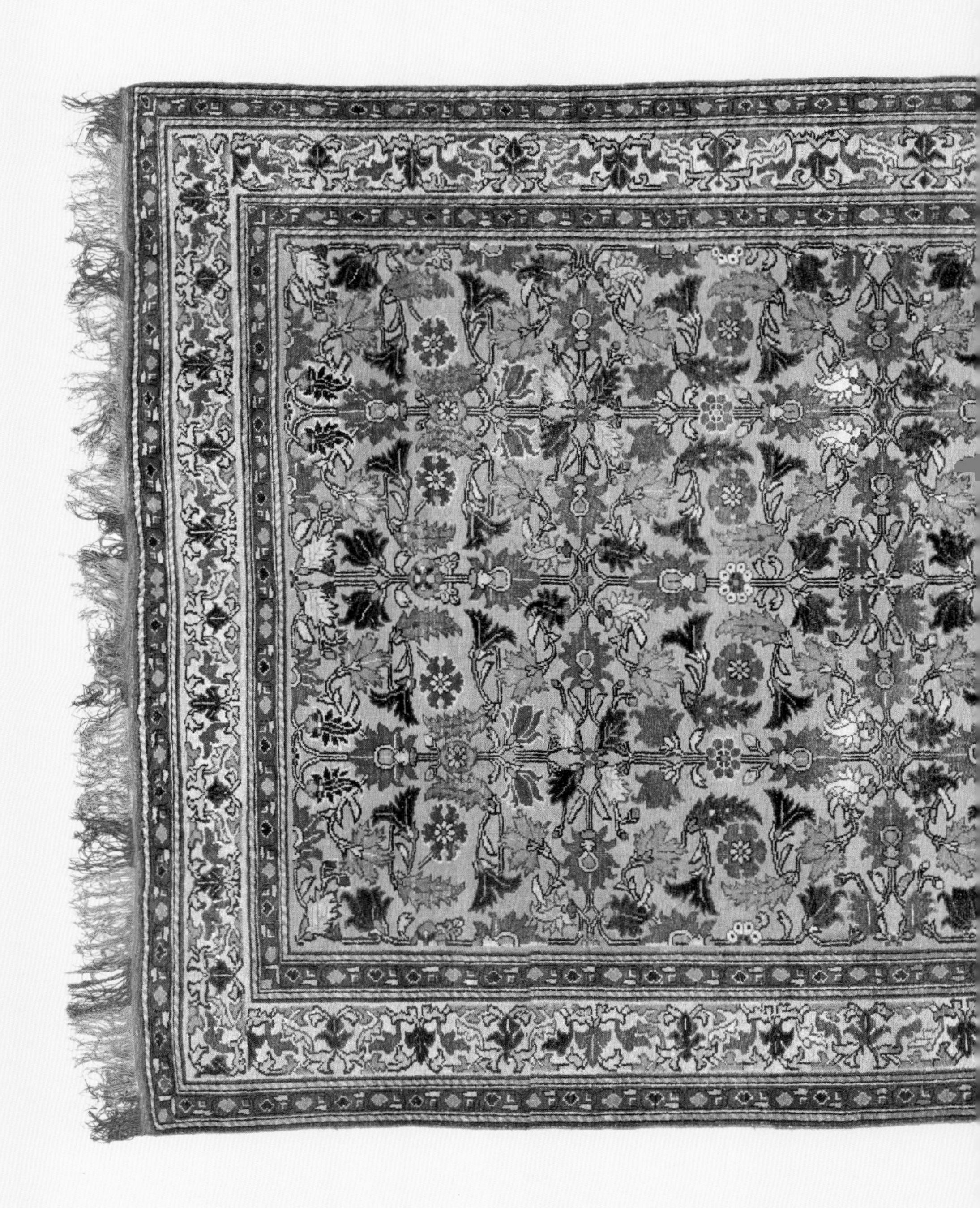

文物号　故 00211886
长 346 厘米　宽 212 厘米
绒高 0.3 厘米　穗长 12 厘米
新疆

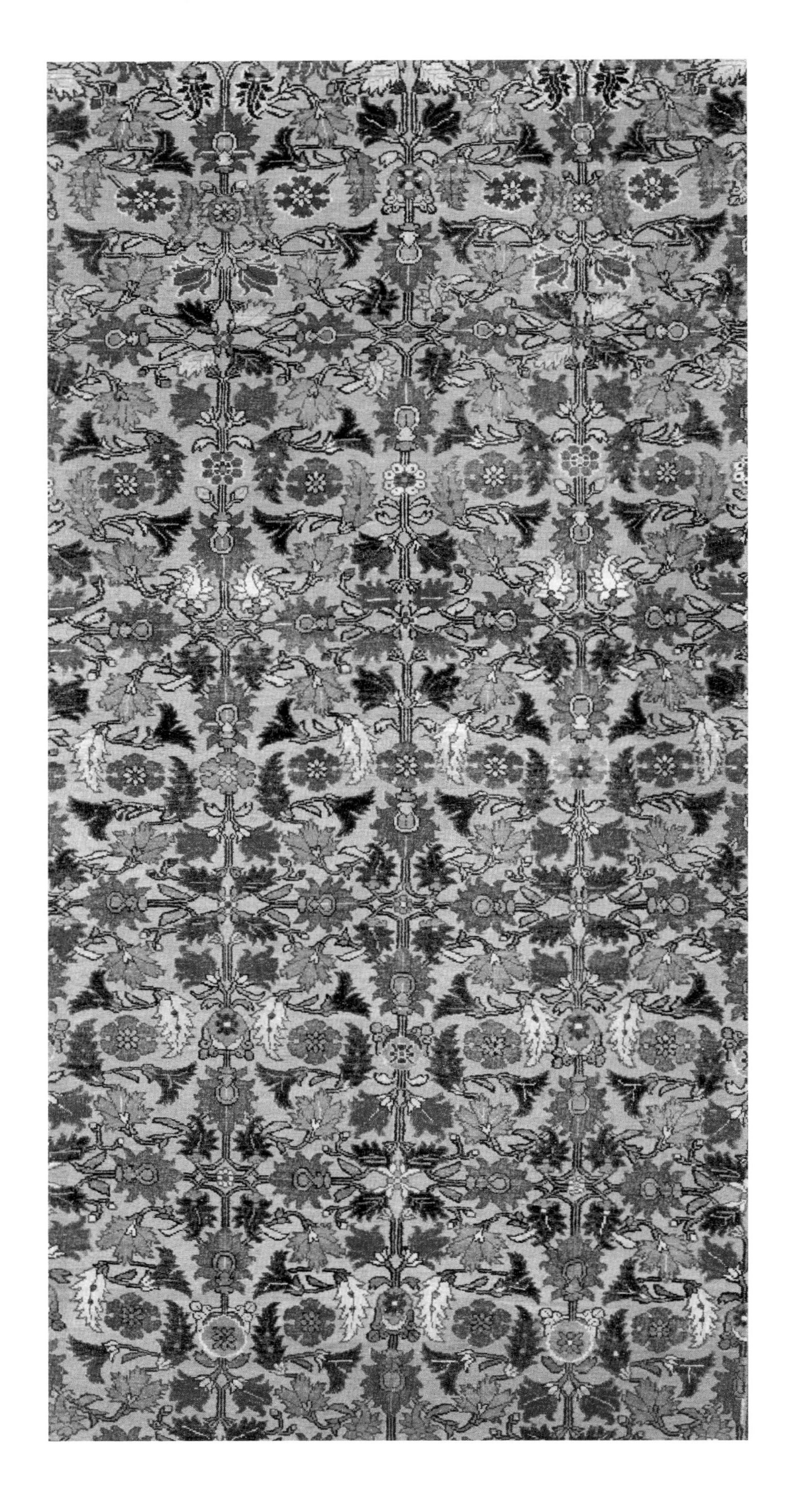

# 栽绒金线地花卉银线边地毯

清乾隆

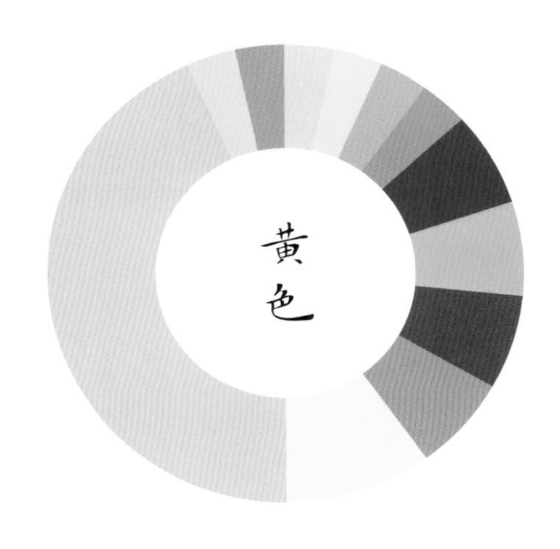

C8 M25 Y53 K0
R236 G199 B130

C2 M6 Y20 K0
R252 G242 B213

C8 M70 Y30 K0
R224 G107 B130

C37 M94 Y81 K0
R173 G48 B55

C2 M45 Y75 K0
R242 G162 B71

C89 M77 Y28 K0
R47 G73 B128

C54 M19 Y64 K0
R132 G171 B114

C37 M9 Y69 K0
R177 G200 B105

C10 M3 Y50 K0
R238 G235 B151

C24 M7 Y16 K0
R203 G221 B216

C51 M29 Y20 K0
R137 G164 B185

C2 M12 Y65 K0
R252 G225 B109

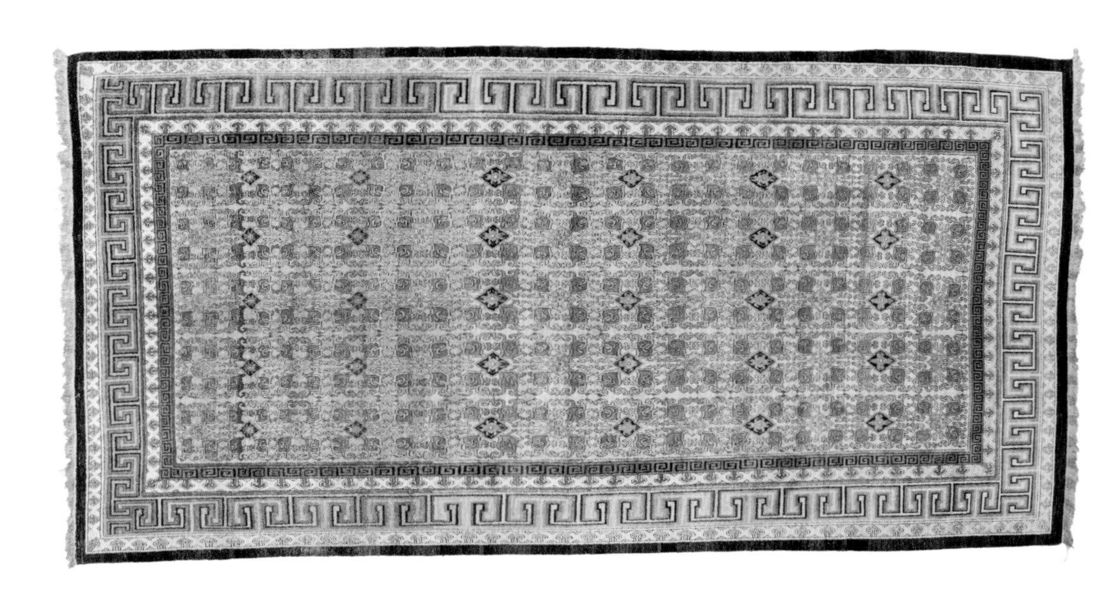

文物号　故 00212001
长 305 厘米　宽 197 厘米
绒高 0.5 厘米
新疆

# 栽绒黄地五彩花卉地毯

清乾隆

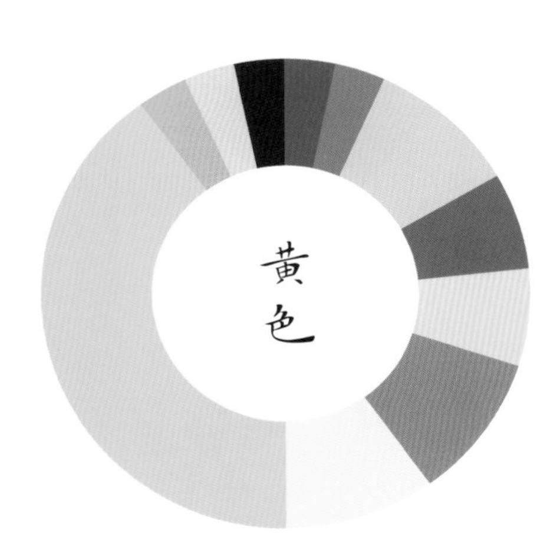


C0 M20 Y78 K0
R253 G210 B69

C6 M4 Y22 K0
R244 G241 B211

C15 M72 Y88 K0
R213 G101 B43

C3 M24 Y31 K0
R245 G207 B176

C71 M45 Y95 K3
R91 G121 B58

C23 M7 Y40 K0
R208 G219 B170

C27 M12 Y14 K0
R196 G211 B215

C68 M42 Y35 K0
R95 G131 B149

C80 M66 Y40 K0
R71 G91 B122

C94 M86 Y61 K41
R21 G40 B60

C3 M21 Y40 K0
R246 G211 B160

C4 M45 Y84 K0
R239 G161 B50

文物号　故 00212059
长 342 厘米　宽 197 厘米
绒高 0.5 厘米　穗长 12 厘米
新疆

# 栽绒金线地花卉银线边地毯

清乾隆

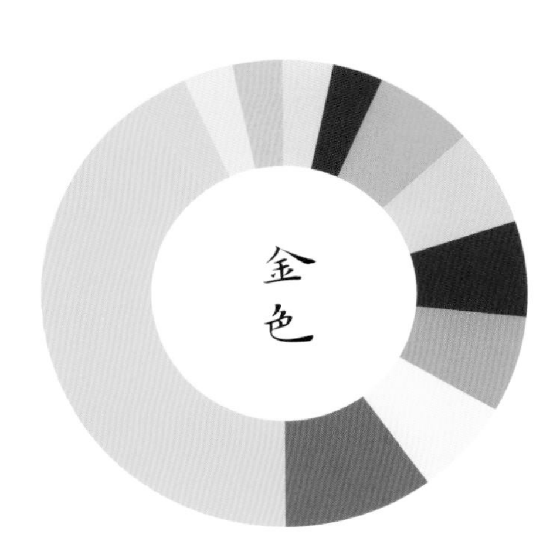


C2 M23 Y68 K0
R249 G205 B96

C2 M70 Y22 K0
R233 G109 B140

C0 M56 Y70 K0
R241 G141 B76

C0 M44 Y37 K0
R244 G168 B146

C15 M91 Y76 K0
R209 G54 B56

C94 M83 Y25 K0
R32 G64 B127

C84 M69 Y67 K34
R44 G64 B66

C2 M7 Y51 K0
R253 G235 B146

[illegible]

C35 M11 Y3 K0
R175 G206 B233

C17 M5 Y32 K0
R221 G229 B189

C0 M14 Y80 K0
R255 G221 B63

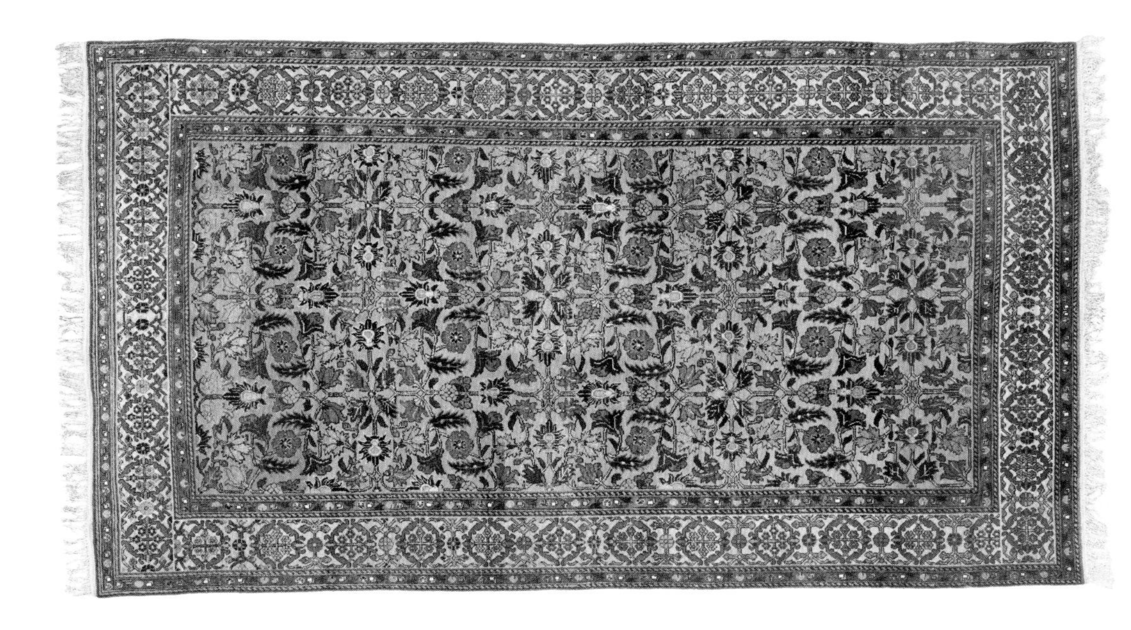

文物号　故 00212476
长 347 厘米　宽 199.5 厘米
绒高 0.3 厘米　穗长 12 厘米
新疆

# 栽绒金线地花卉银线边地毯

清乾隆

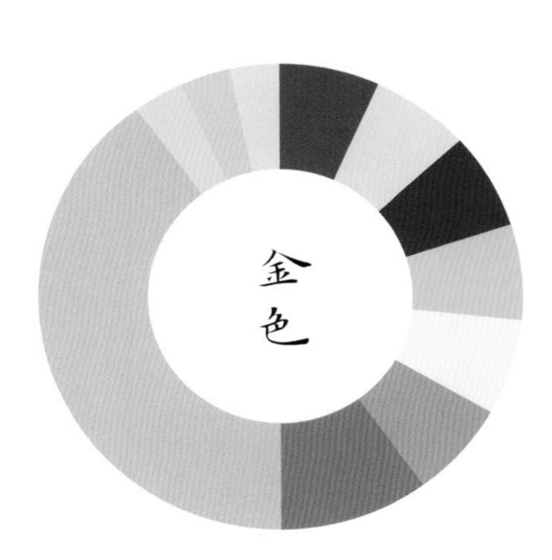


C10 M28 Y76 K0
R233 G190 B76

[illegible]

C29 M8 Y2 K0
R190 G216 B239

C0 M39 Y30 K0
R245 G179 B163

C12 M90 Y77 K0
R214 G57 B54

C0 M42 Y62 K0
R245 G170 B100

C82 M64 Y70 K20
R56 G80 B75

C0 M17 Y77 K0
R254 G216 B72

C6 M74 Y32 K0
R226 G98 B123

C95 M85 Y34 K2
R31 G61 B115

C17 M4 Y35 K0
R221 G230 B183

文物号　故 00212042
长 568 厘米　宽 295 厘米
绒高 0.6 厘米　穗长 12 厘米
新疆

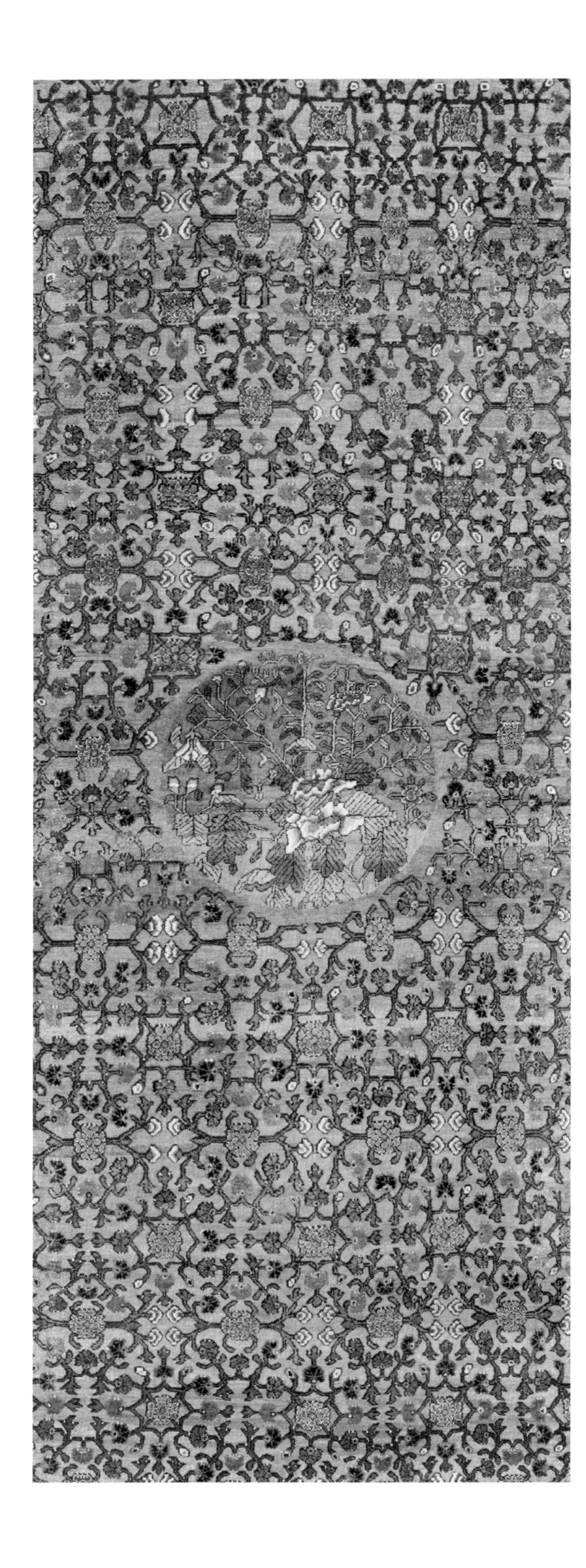

# 栽绒金线地牡丹花回纹边地毯

清乾隆

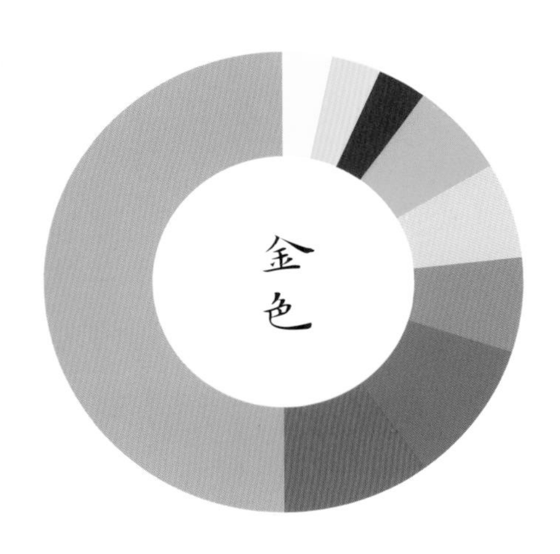


C20 M38 Y68 K0 R211 G166 B93

C24 M87 Y90 K0 R196 G66 B42

C70 M44 Y83 K3 R93 G123 B75

C60 M31 Y51 K0 R116 G151 B131

C19 M10 Y64 K0 R218 G214 B114

C0 M55 Y56 K0 R241 G143 B103

C96 M89 Y41 K6 R31 G55 B103

C2 M19 Y69 K0 R250 G212 B95

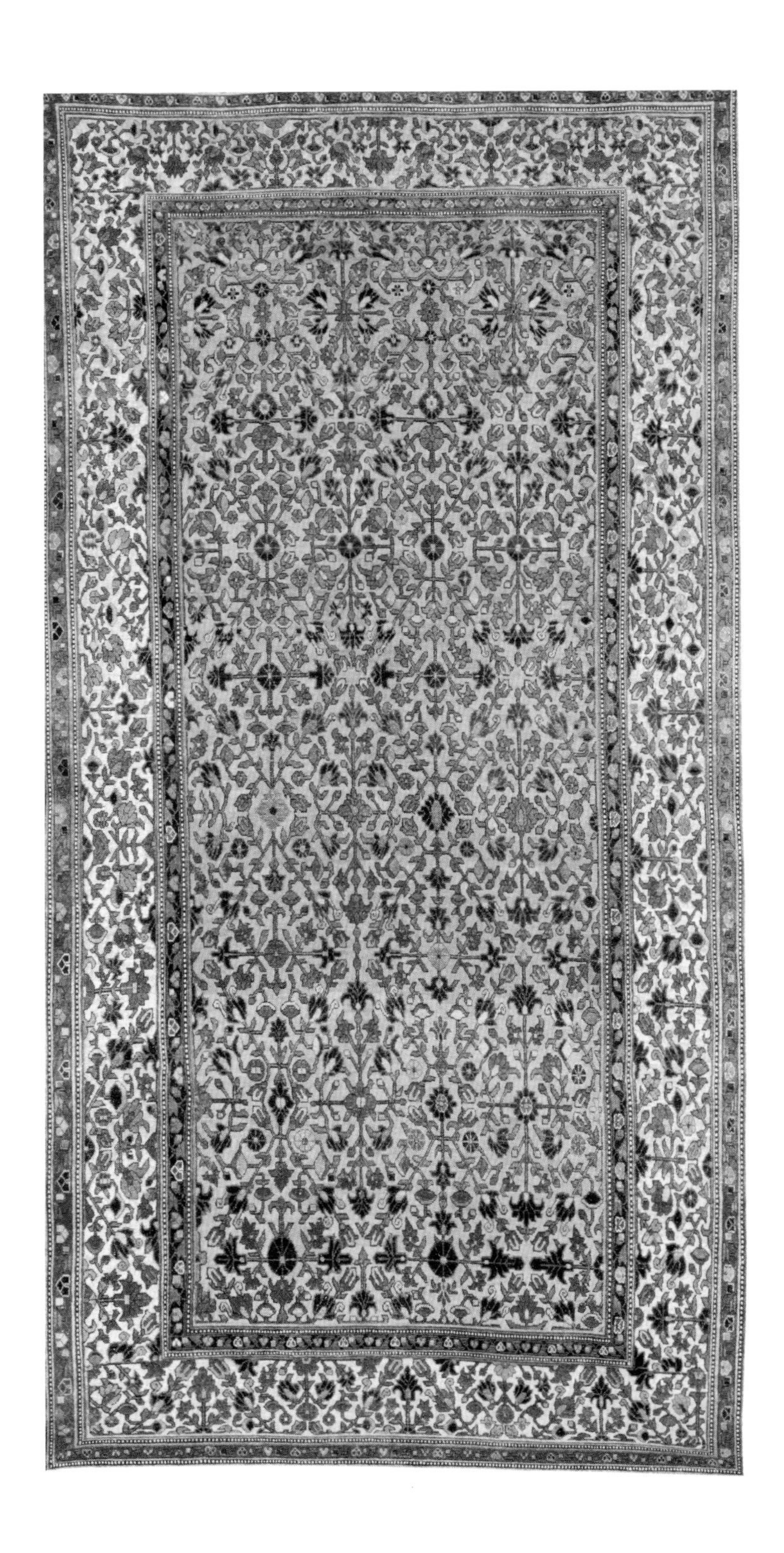

文物号　故 00212060
长 333 厘米　宽 164 厘米
绒高 0.2 厘米
新疆

# 栽绒金线地花卉银线边地毯

清乾隆

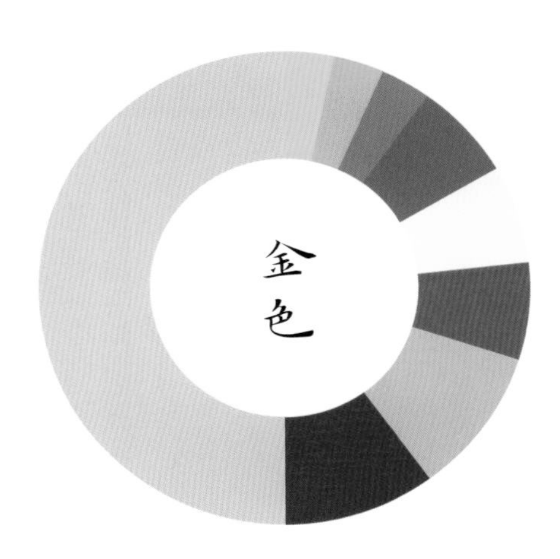


C9 M22 Y63 K0
R236 G202 B110

C91 M79 Y23 K0
R41 G69 B132

C48 M20 Y6 K0
R141 G180 B216

C33 M89 Y86 K1
R179 G60 B49

C4 M4 Y12 K0
R247 G239 B227

C72 M48 Y90 K3
R89 G117 B65

C70 M41 Y48 K0
R89 G131 B130

C0 M53 Y75 K0
R242 G147 B68

C0 M28 Y80 K0
R250 G196 B62

文物号　故 00211969
长 325 厘米　宽 176 厘米
绒高 0.7 厘米
新疆

# 栽绒红地花卉锦纹边地毯

清中期

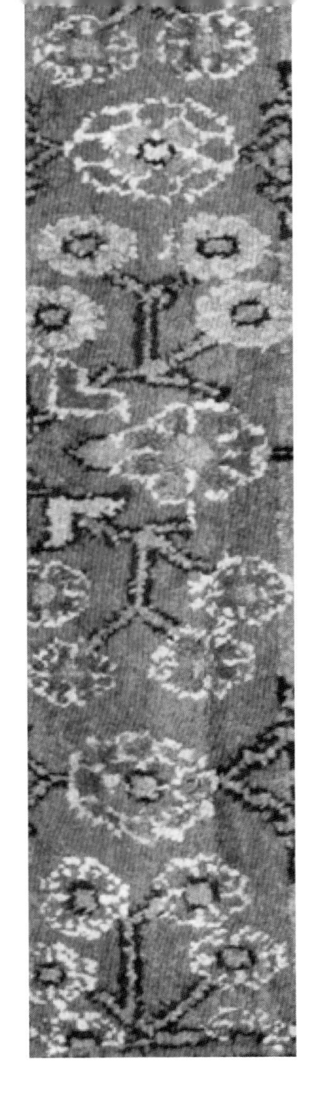

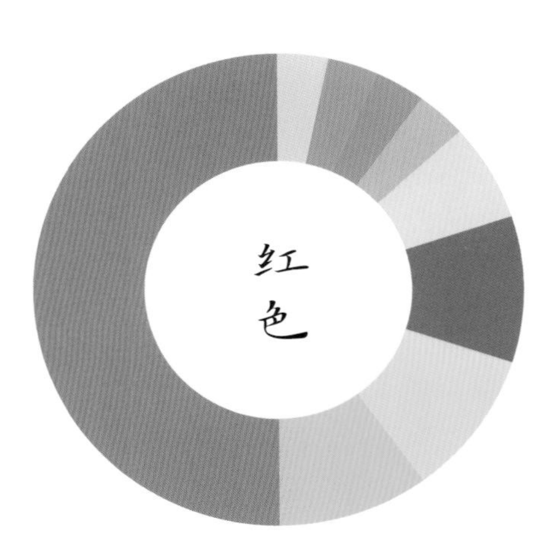


C21 M76 Y48 K0
R201 G90 B101

C76 M49 Y34 K0
R71 G117 B144

C55 M30 Y52 K0
R130 G157 B130

C4 M38 Y75 K0
R241 G175 B74

C27 M11 Y13 K0
R196 G213 B217

C44 M28 Y87 K0
R161 G165 B63

C0 M20 Y73 K0
R253 G211 B84

C12 M45 Y44 K0
R223 G159 B133

C12 M7 Y68 K0
R234 G224 B104

文物号　故 00199709
长 500 厘米　绒高 0.8 厘米
北京

栽绒黄地双凤牡丹回纹边地毯

清中期

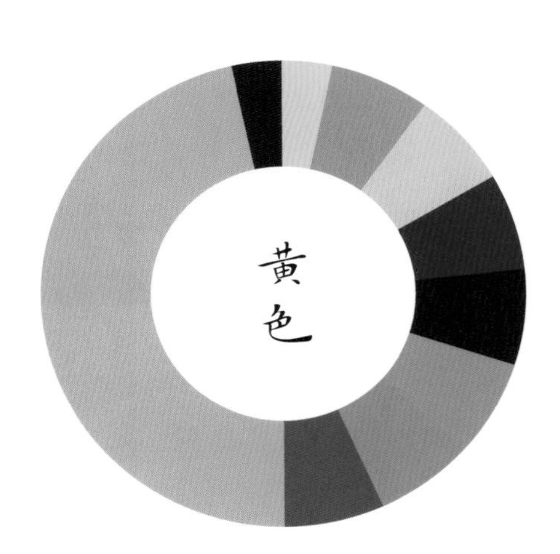


C16 M47 Y87 K0 R217 G151 B47

C84 M62 Y65 K13 R51 G87 B86

C60 M44 Y70 K0 R122 G132 B93

C61 M42 Y57 K0 R118 G135 B115

C98 M93 Y55 K35 R17 G35 B68

C96 M85 Y36 K4 R26 G60 B112

C9 M34 Y82 K0 R233 G179 B59

C20 M66 Y91 K0 R206 G112 B40

C19 M29 Y49 K0 R214 G185 B136

C74 M82 Y91 K66 R42 G24 B14

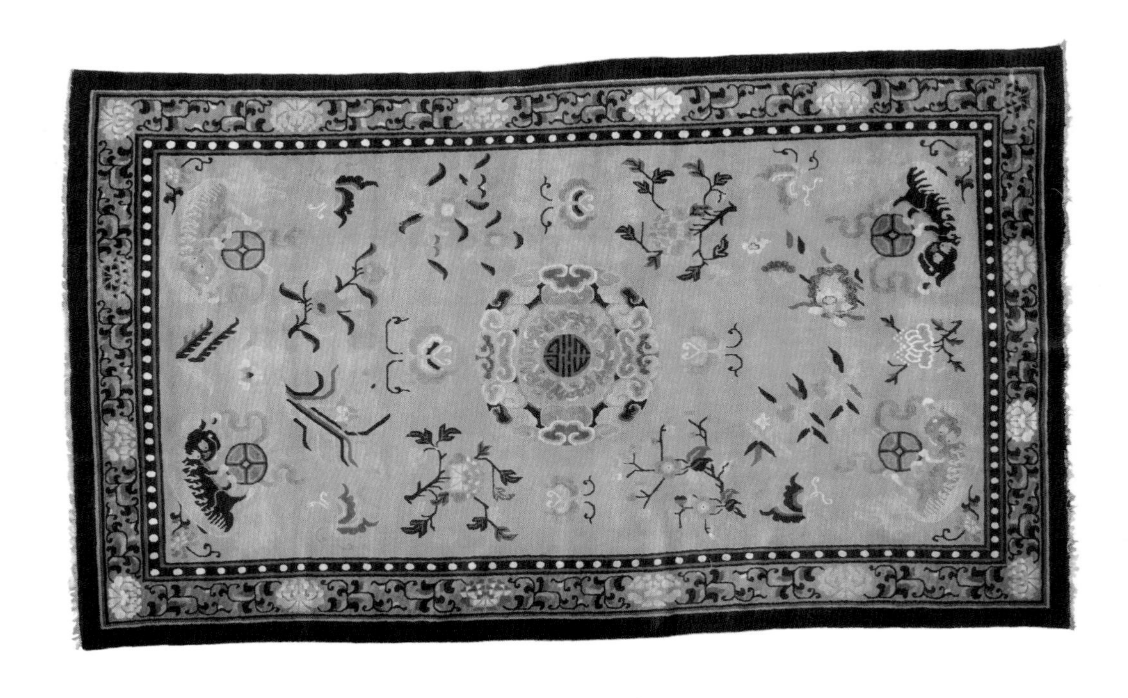

文物号　新 00060940
长 305 厘米　宽 185 厘米
绒高 1 厘米　穗长 4 厘米
宁夏

# 栽绒黄地四狮花卉纹地毯

清晚期

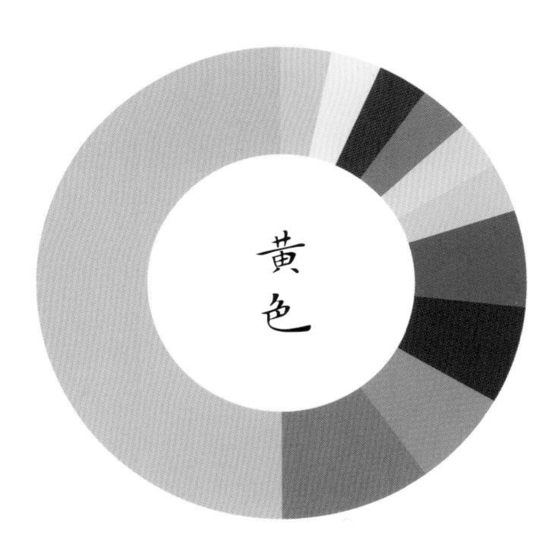


C16 M35 Y72 K0
R219 G174 B85

C31 M74 Y90 K0
R185 G93 B46

C22 M65 Y87 K0
R202 G113 B48

C90 M78 Y52 K40
R27 G48 B72

C84 M60 Y44 K2
R51 G97 B121

C40 M17 Y20 K0
R165 G191 B197

C12 M23 Y61 K0
R230 G199 B114

C52 M58 Y82 K0
R143 G114 B68

C66 M73 Y94 K46
R74 G53 B28

C8 M13 Y28 K0
R238 G223 B191

C13 M33 Y47 K0
R225 G181 B136

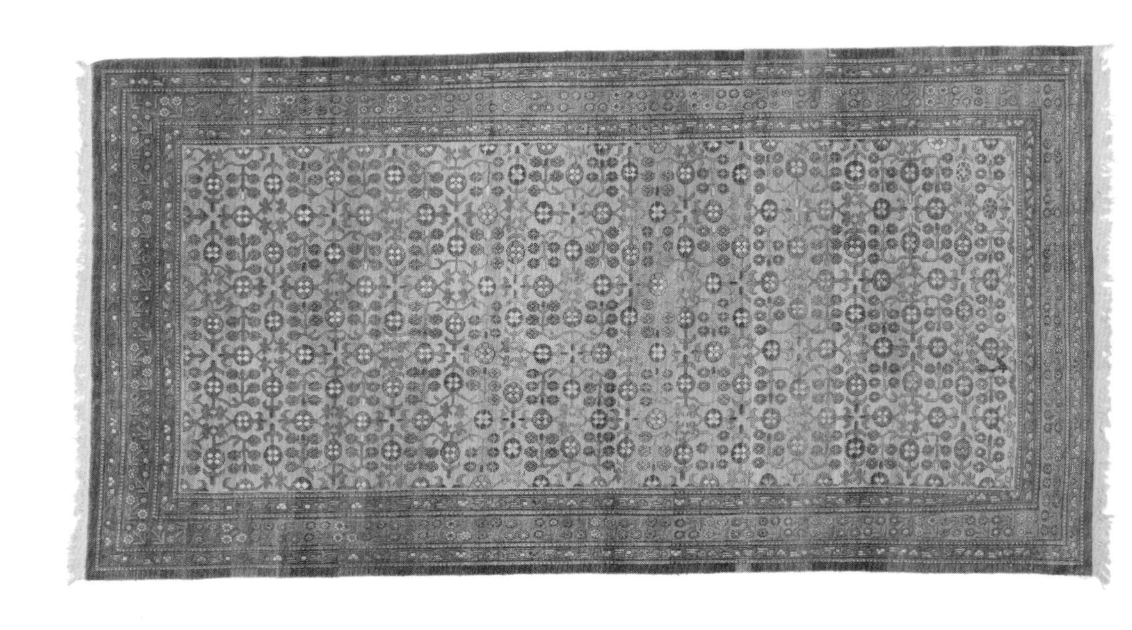

文物号　故 00212061
长 310 厘米　宽 170 厘米
绒高 0.5 厘米　穗长 4.5 厘米
新疆

# 栽绒黄地小团花地毯

清晚期

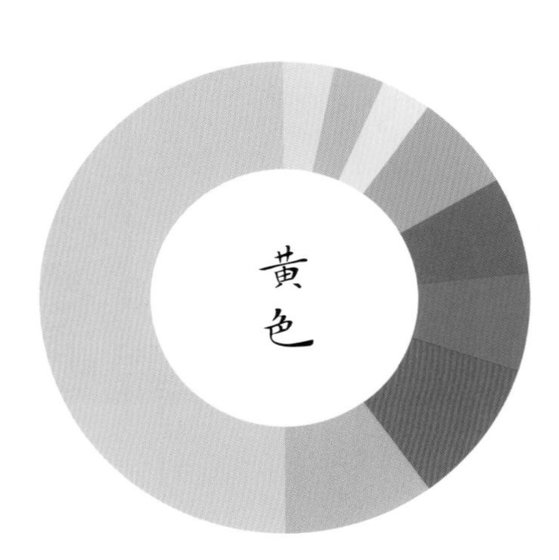


| | | |
|---|---|---|
| C7 M28 Y84 K0 R238 G191 B52 | C5 M55 Y74 K0 R233 G141 B70 | C29 M89 Y62 K0 R186 G59 B76 |
| C68 M42 Y91 K0 R100 G129 B64 | C78 M50 Y50 K0 R67 G114 B121 | C50 M24 Y46 K0 R142 G170 B145 |
| C28 M8 Y4 K0 R192 G217 B236 | C47 M15 Y25 K0 R146 G187 B190 | C22 M7 Y38 K0 R210 G220 B174 |

文物号　故 00211981
长 382 厘米　宽 374 厘米
绒高 0.3 厘米　穗长 5 厘米
新疆

栽绒紫地蓝色花地毯

清晚期

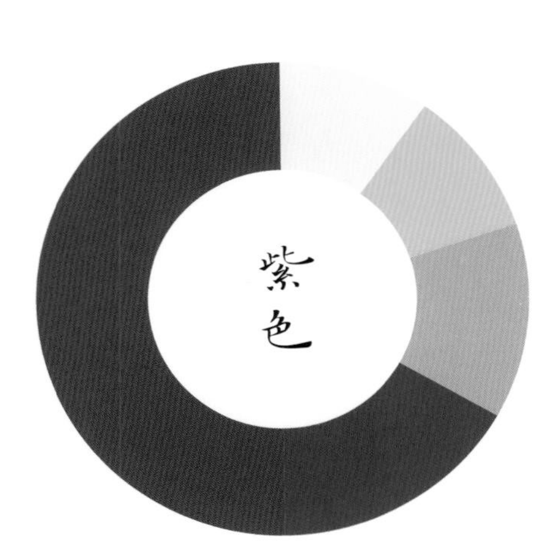


C62 M90 Y58 K18
R109 G48 B75

C88 M77 Y33 K0
R51 G73 B123

C55 M24 Y4 K0
R121 G168 B213

C2 M41 Y69 K0
R243 G171 B86

C4 M6 Y11 K0
R247 G241 B230

文物号　故 00212470

长 400 厘米　宽 230 厘米

绒高 0.8 厘米　穗长 12 厘米

新疆

# 栽绒金地蓝色团蝠纹毯

清

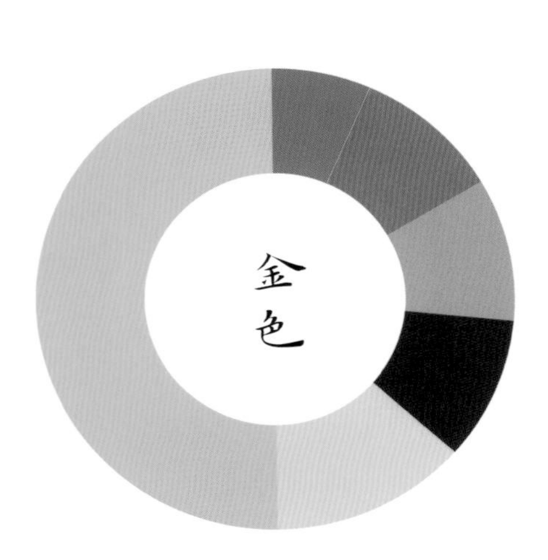


C0 M42 Y87 K0 R246 G168 B38

C2 M33 Y45 K0 R245 G189 B141

C90 M86 Y60 K45 R30 G37 B58

C9 M63 Y89 K0 R225 G122 B38

C24 M85 Y92 K0 R196 G70 B40

C77 M42 Y45 K0 R62 G126 B133

C72 M38 Y81 K0 R85 G132 B81

文物号　故 00211889
长 280 厘米　宽 155 厘米
宁夏

# 栽绒红地三团花纹蓝色万字边地毯

清

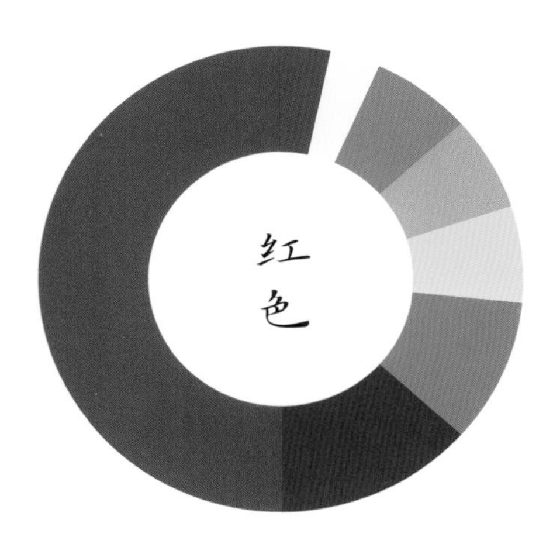


C42 M100 Y94 K3
R161 G33 B43

C98 M95 Y28 K0
R32 G47 B116

C86 M39 Y70 K0
R0 G124 B99

C0 M28 Y86 K0
R250 G195 B40

C10 M75 Y81 K0
R220 G95 B52

C78 M64 Y18 K0
R74 G94 B150

[illegible]

C72 M80 Y80 K56
R55 G36 B32

文物号　故 00212478
长 400 厘米　宽 400 厘米
绒高 0.3 厘米　穗长 3 厘米
新疆

# 栽绒黄地花蝶回纹云头边地毯

清晚期

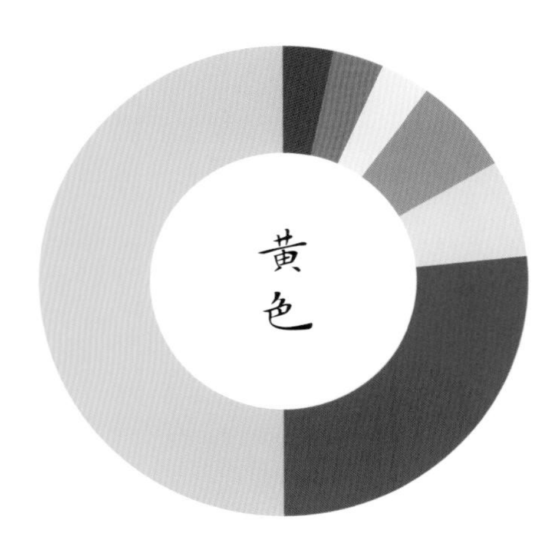



C3 M25 Y72 K0
R246 G200 B85

C34 M95 Y82 K0
R178 G45 B53

C84 M63 Y17 K0
R50 G93 B152

C24 M10 Y13 K0
R203 G217 B219

C48 M35 Y61 K0
R150 G154 B111

C5 M10 Y13 K0
R244 G233 B222

C7 M92 Y54 K0
R221 G48 B81

C62 M78 Y71 K32
R95 G58 B57

文物号　故 00212348
长 241 厘米　宽 155 厘米
绒高 1.8 厘米　穗长 7 厘米
北京

# 栽绒蓝地云蝠纹地毯

清晚期

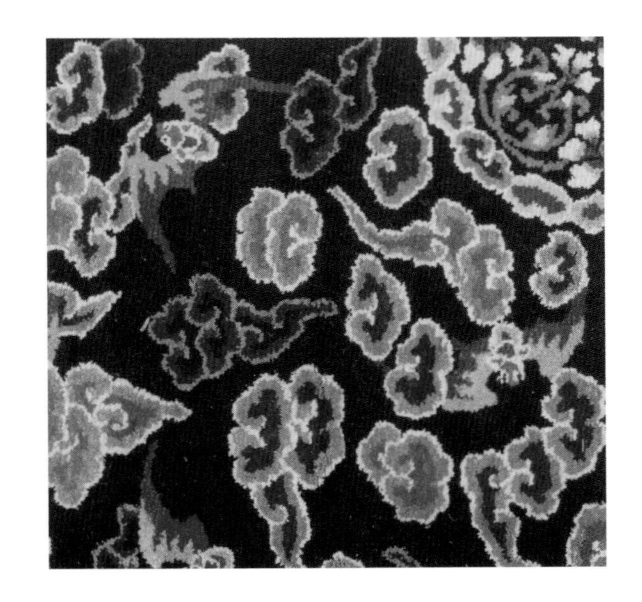

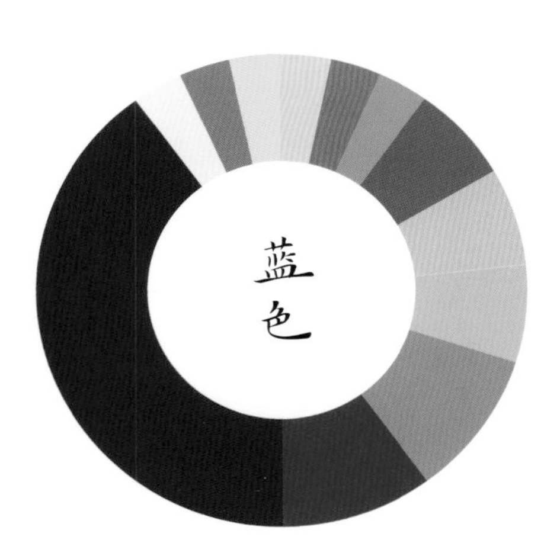


- C91 M83 Y50 K28 R35 G51 B81
- C89 M72 Y35 K0 R42 G80 B124
- C68 M37 Y27 K0 R90 G139 B165
- C50 M18 Y12 K0 R136 G181 B208
- C20 M36 Y54 K0 R211 G171 B122
- C65 M66 Y70 K20 R99 G83 B71
- C30 M57 Y82 K0 R189 G126 B62
- C21 M86 Y72 K0 R200 G68 B64
- C0 M37 Y25 K0 R246 G184 B173
- C3 M13 Y77 K0 R250 G221 B74
- C62 M45 Y90 K0 R118 G128 B63

文物号　故 00212074
长 160 厘米　宽 96 厘米
绒高 1 厘米　穗长 4.5 厘米
北京

栽绒灰地团花鸟纹紫色边地毯

清晚期

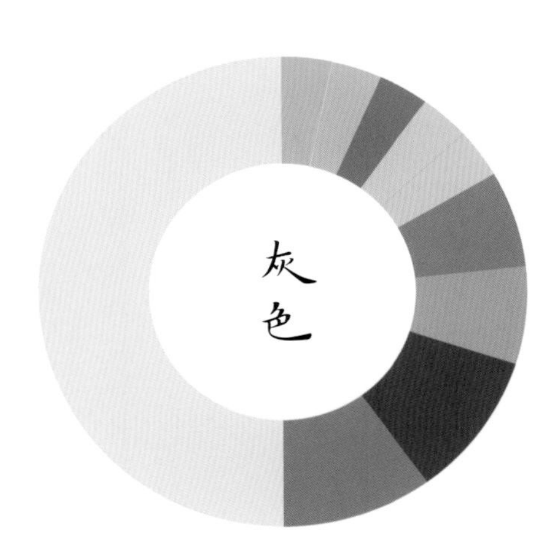


C12 M11 Y20 K0
R230 G225 B207

C41 M38 Y16 K0
R164 G157 B183

C35 M14 Y22 K0
R178 G200 B198

C22 M40 Y25 K0
R205 G165 B169

C53 M51 Y28 K0
R138 G127 B152

C45 M49 Y64 K0
R158 G133 B98

C70 M46 Y20 K0
R88 G125 B166

C75 M75 Y55 K9
R85 G75 B93

C22 M23 Y38 K0
R208 G194 B162

C44 M15 Y12 K0
R153 G191 B212

文物号　故 00212320

长 446 厘米　宽 451.5 厘米

北京

# 栽绒木红地三彩勾莲纹大地毯

清光绪

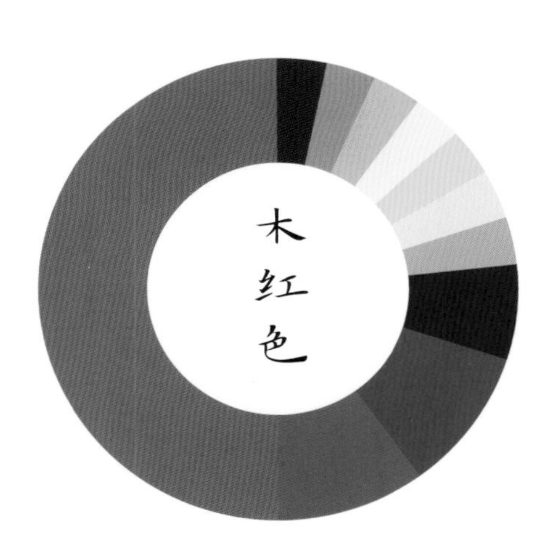


C16 M89 Y98 K16 R187 G53 B22

C85 M60 Y57 K7 R46 G93 B101

C91 M72 Y33 K3 R31 G78 B125

C100 M89 Y50 K33 R5 G41 B75

C58 M25 Y25 K0 R116 G163 B179

C31 M8 Y15 K0 R186 G213 B216

C0 M28 Y85 K0 R250 G195 B44

C2 M11 Y36 K0 R251 G231 B177

C15 M72 Y99 K0 R213 G100 B19

C76 M82 Y84 K66 R39 G23 B20

* 地毯、壁毯在长期使用过程中通常会出现均匀的褪色、失色现象。这幅地毯的边部由于有重物压着，木红色的原色得以保留。而大面积未被覆盖、暴露在外的地方，受紫外线影响，以及尘土侵蚀，变色成黄色。——编者注

# Traditional Colors of China

# 炕毯

清人画《玄烨像》轴中的黄地紫花哆罗呢炕毯

清人画《胤禛读书像》轴中的黄地红花哆罗呢炕毯

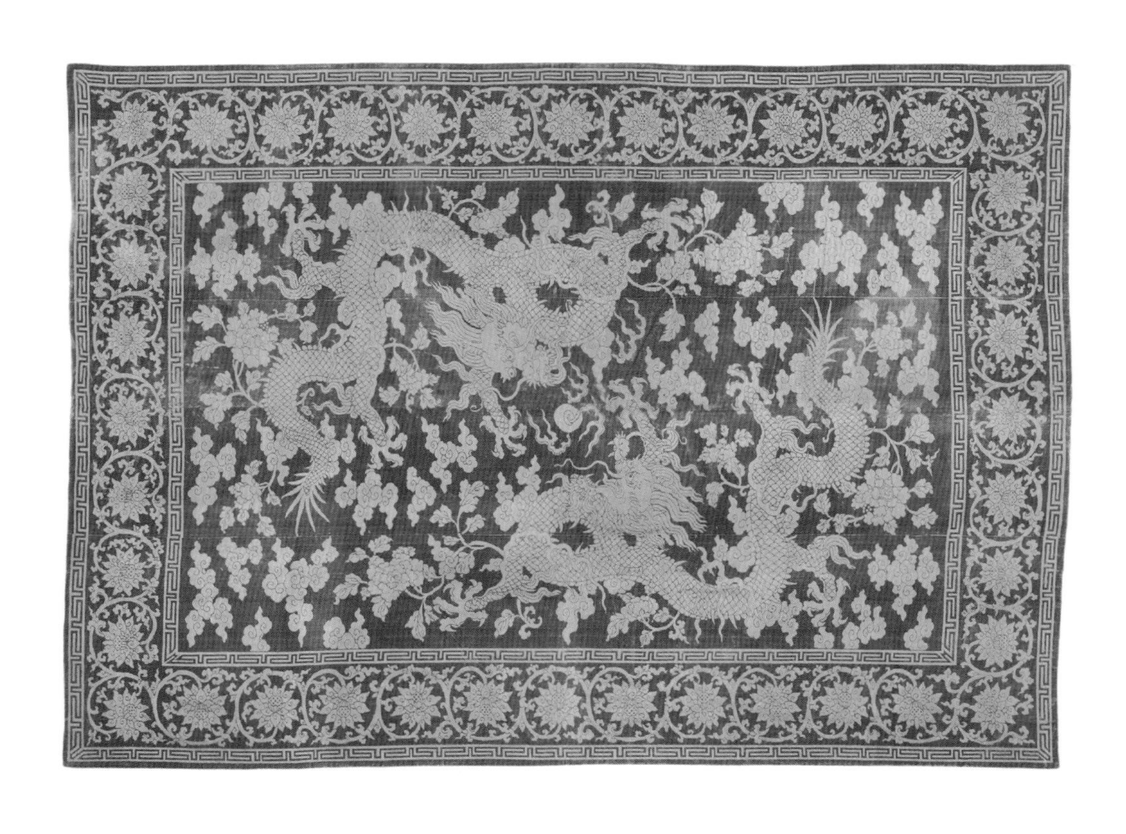

文物号　故 00212007
长 253 厘米　宽 185 厘米
南京

# 红色漳绒云龙纹炕毯

清早期

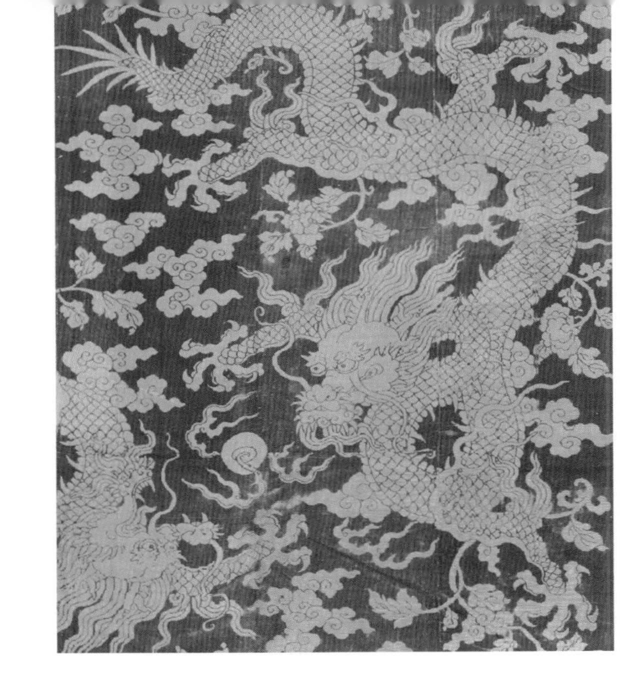

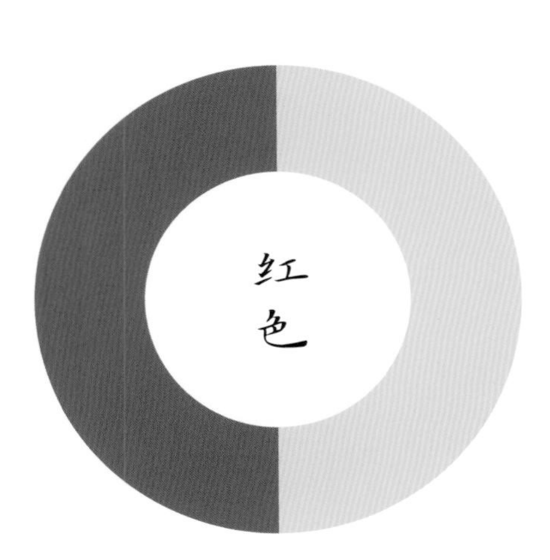

C25 M93 Y94 K0
R193 G50 B38

C4 M30 Y47 K0
R242 G193 B139

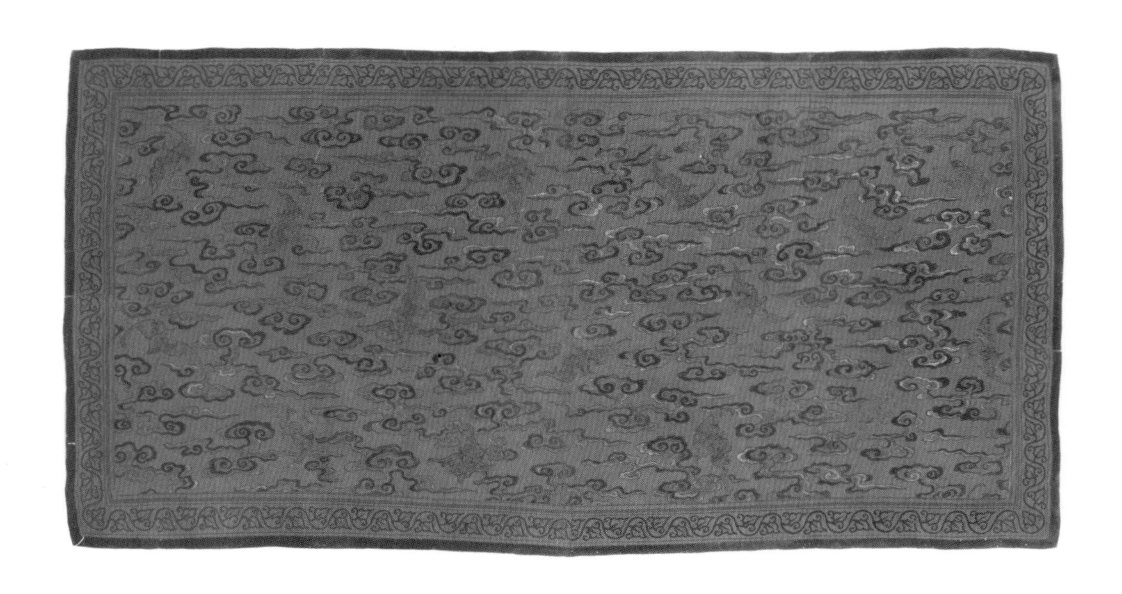

文物号　故 00212101

长 216 厘米　宽 111 厘米

北京

# 绿色毛毡印云蝠炕毯

清雍正

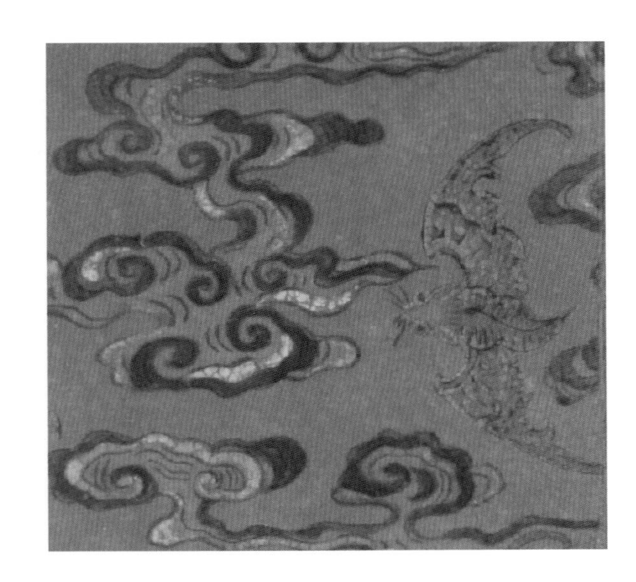

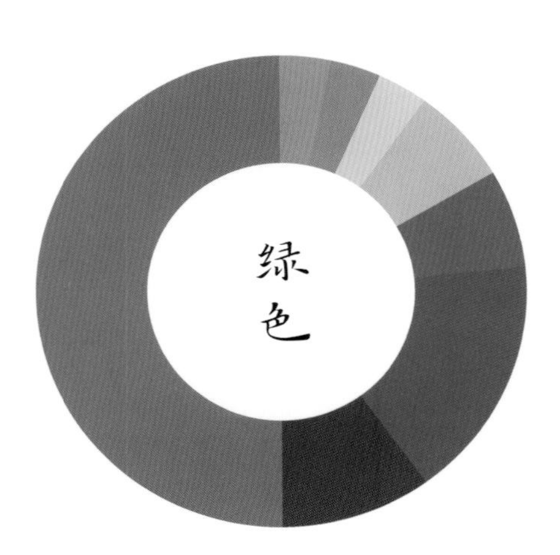


C74 M46 Y85 K0
R83 G120 B74

C70 M68 Y88 K40
R72 G63 B40

C63 M63 Y82 K20
R103 G87 B59

C76 M60 Y80 K26
R67 G82 B61

C80 M54 Y88 K6
R64 G104 B66

C52 M20 Y22 K0
R132 G176 B190

C10 M36 Y65 K0
R230 G176 B99

C52 M60 Y58 K0
R143 G111 B101

C22 M74 Y76 K0
R201 G95 B63

文物号　故 00212064

长 900 厘米　宽 418 厘米

南京

# 黄色漳绒九龙牡丹纹毯

清乾隆

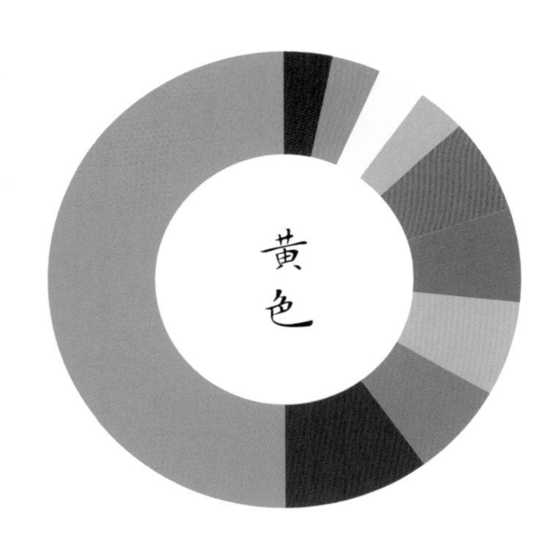


C27 M57 Y88 K0
R195 G127 B49

C90 M83 Y48 K10
R46 G61 B96

C69 M50 Y24 K0
R95 G119 B157

C48 M26 Y25 K0
R146 G170 B180

C73 M52 Y63 K2
R87 G112 B100

C27 M87 Y67 K0
R190 G65 B71

C13 M55 Y37 K0
R219 G139 B135

C4 M6 Y9 K0
R247 G241 B234

C66 M44 Y8 K0
R99 G130 B184

C75 M78 Y77 K55
R50 G38 B36

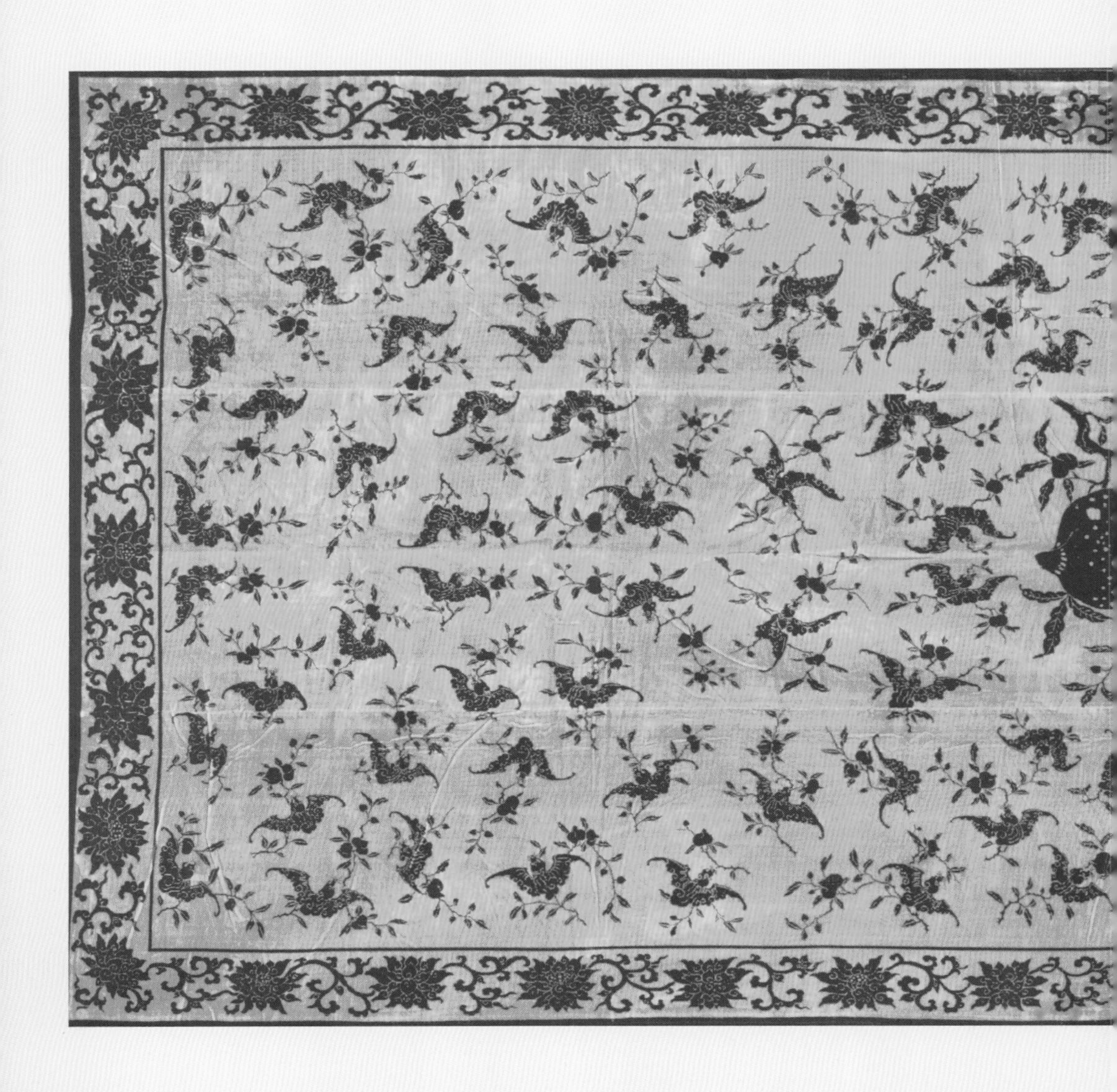

文物号　故 00212009
长 395 厘米　宽 185 厘米
北京

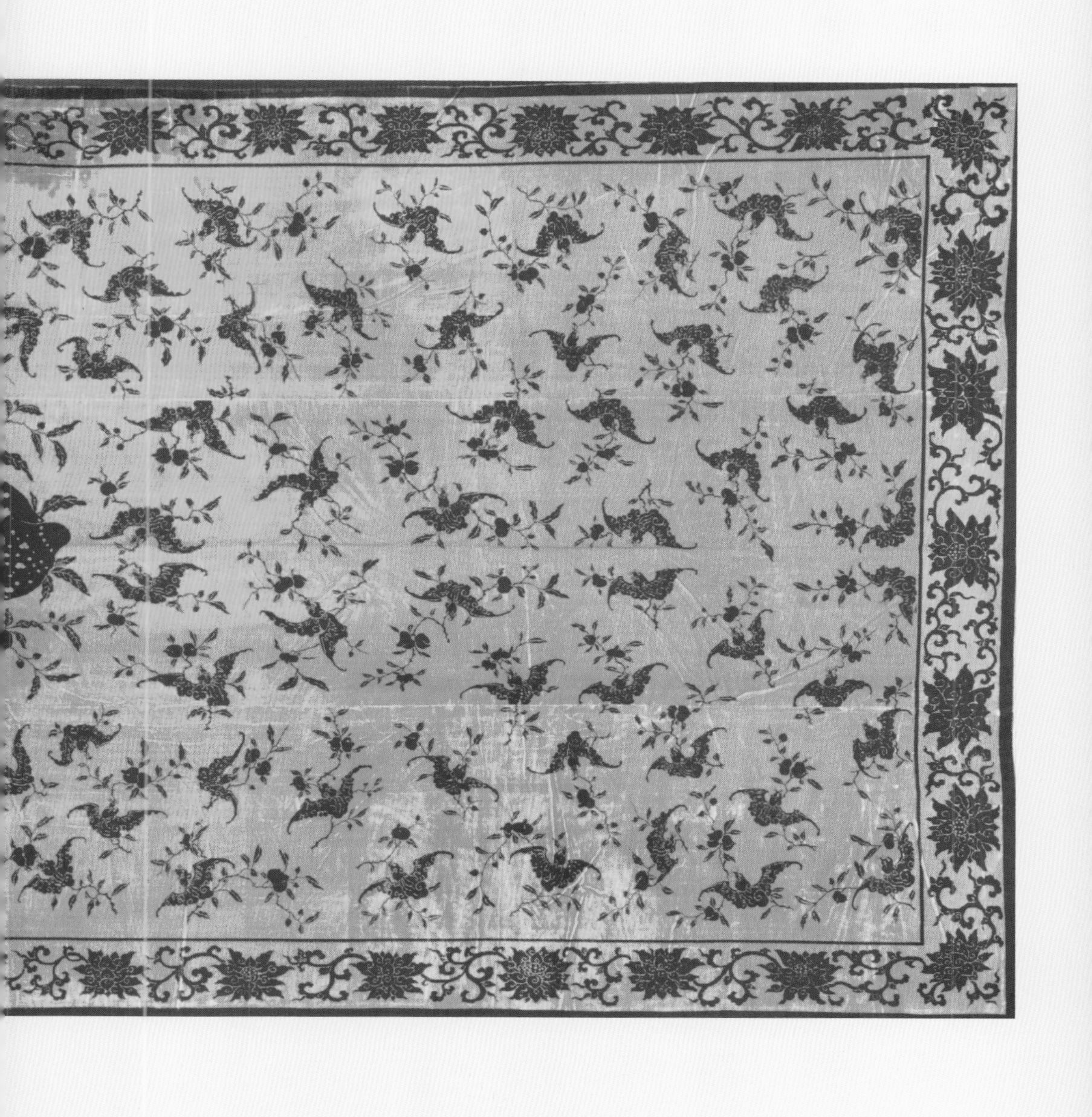

# 黄色漳绒桃蝠纹炕毯

清中期

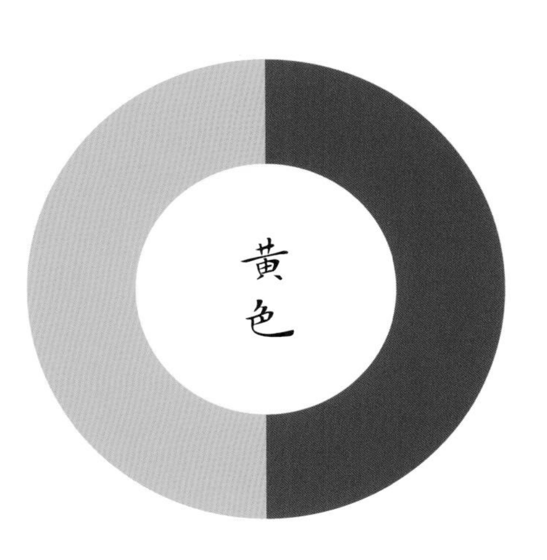

C2 M40 Y88 K0
R244 G171 B35

C36 M98 Y98 K0
R174 G37 B38

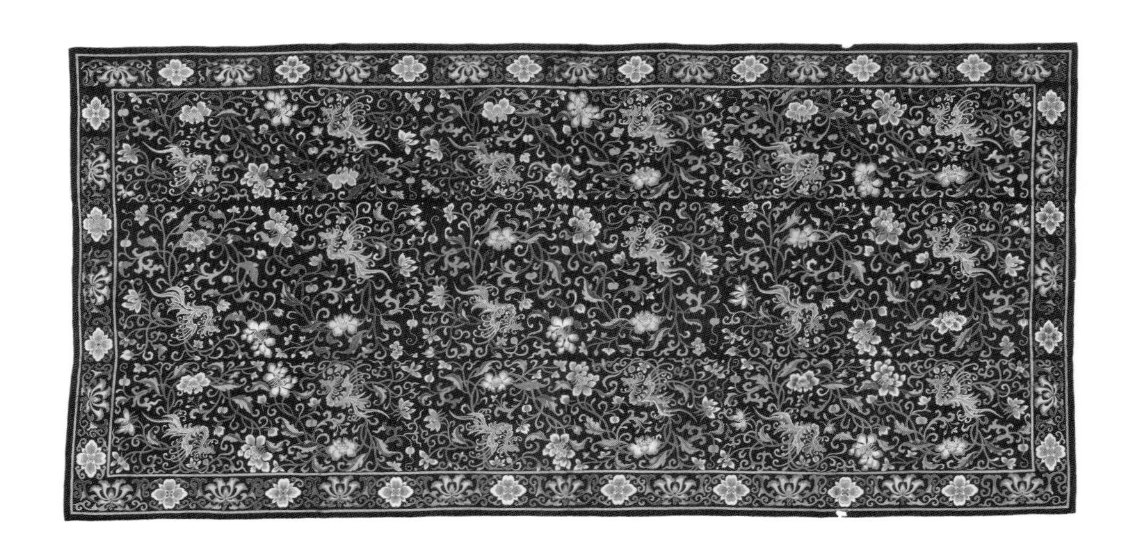

文物号　故 00075293
长 387 厘米　宽 183 厘米
北京

# 绛色呢绣凤穿花卉纹炕毯

清乾隆

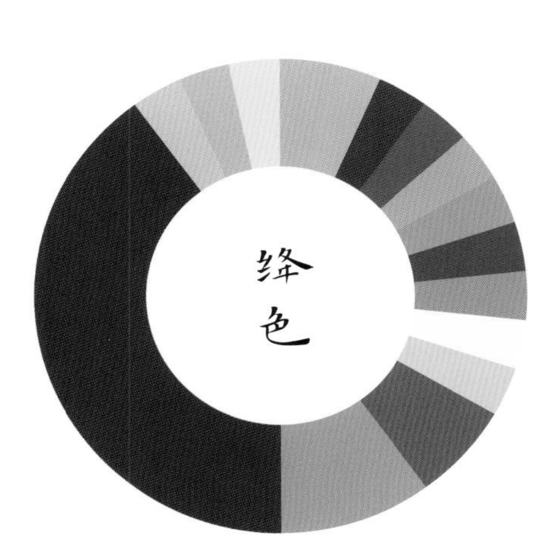


C67 M80 Y93 K56 R62 G36 B20

C0 M40 Y31 K0 R245 G177 B160

C90 M67 Y47 K11 R28 G81 B106

C81 M57 Y68 K15 R57 G93 B83

C14 M33 Y88 K0 R224 G178 B43

C12 M28 Y64 K0 R228 G190 B105

C10 M70 Y62 K0 R221 G107 B84

C0 M4 Y9 K0 R255 G248 B236

C60 M34 Y11 K0 R112 G149 B192

C84 M64 Y82 K40 R39 G64 B49

C0 M12 Y60 K0 R255 G227 B121

C32 M91 Y98 K0 R182 G56 B36

C62 M28 Y45 K0 R108 G154 B144

C50 M20 Y50 K0 R142 G175 B140

C40 M12 Y66 K0 R169 G193 B111

C3 M52 Y65 K0 R238 G148 B89

文物号　故 00212206

长 254 厘米　宽 136 厘米

北京

黄色呢绣团龙蝠炕单

清晚期

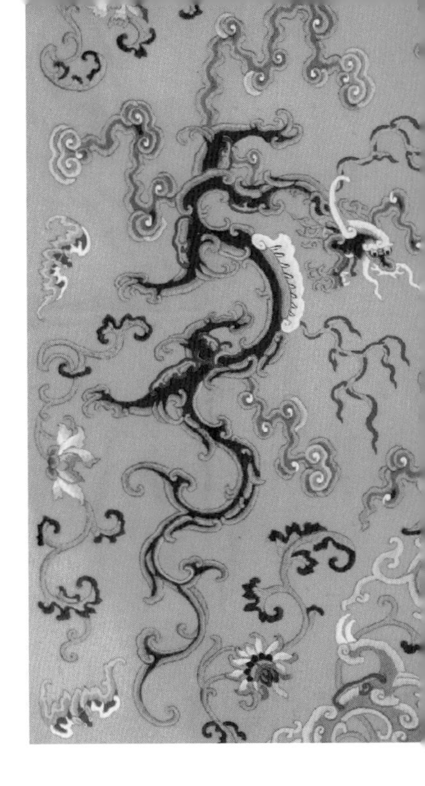

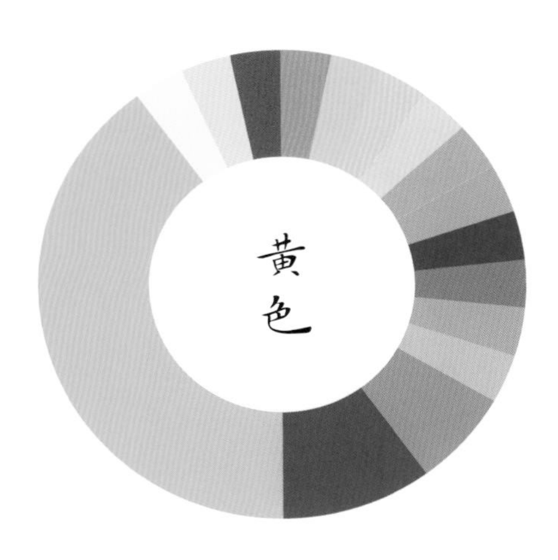


C0 M35 Y73 K0
R248 G183 B79

C85 M64 Y16 K0
R47 G92 B152

C58 M25 Y10 K0
R114 G164 B203

C40 M10 Y8 K0
R162 G202 B224

C49 M15 Y22 K0
R140 G186 B194

C64 M32 Y34 K0
R102 G148 B159

C84 M57 Y55 K6
R47 G98 B106

C48 M10 Y35 K0
R143 G192 B175

C31 M35 Y11 K0
R186 G169 B195

C22 M13 Y5 K0
R206 G214 B230

C0 M30 Y16 K0
R247 G199 B196

C0 M33 Y26 K0
R247 G192 B176

C0 M68 Y52 K0
R237 G114 B100

C13 M94 Y77 K0
R212 G43 B53

C0 M12 Y50 K0
R255 G228 B146

C1 M4 Y8 K0
R253 G248 B238

文物号　故 00212227

长 463 厘米　宽 330 厘米

北京

# 红色呢绣双喜字龙凤彩云子孙万代炕单

清光绪

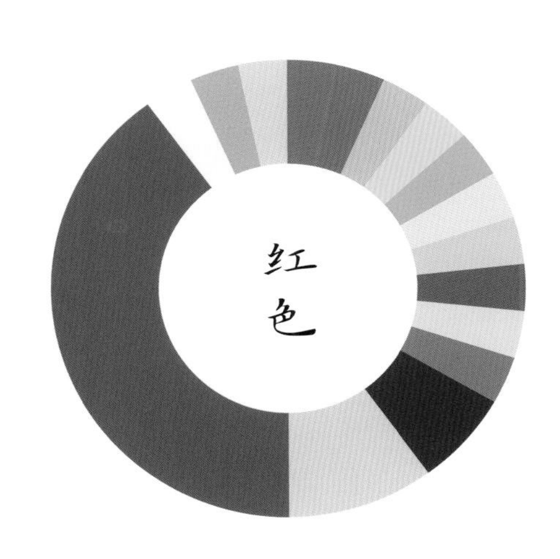


C30 M97 Y100 K0
R185 G38 B34

C80 M50 Y13 K0
R51 G114 B170

C40 M9 Y27 K0
R165 G202 B192

C0 M38 Y20 K0
R245 G182 B181

C59 M55 Y94 K6
R123 G111 B52

C16 M25 Y44 K0
R220 G194 B149

C36 M12 Y6 K0
R173 G203 B227

C21 M7 Y33 K0
R212 G222 B184

C35 M38 Y0 K0
R176 G161 B205

C15 M14 Y58 K0
R225 G212 B126

C100 M94 Y43 K5
R23 G49 B99

C86 M54 Y57 K8
R32 G100 B104

C3 M63 Y39 K0
R234 G125 B124

C64 M73 Y3 K0
R115 G83 B157

C3 M62 Y55 K0
R234 G127 B100

Traditional
Colors
of China

壁毯

清郎世宁画《弘历射猎聚餐图》轴中的黄地缠枝花卉纹毡毯

清人画《弘历塞宴四事（贯跤）》横轴中的浅粉色地缠枝莲纹平纹壁毯

文物号　新 00136003
长 223 厘米　宽 137 厘米
宁夏

## 栽绒红地龙花人物图毯

清晚期

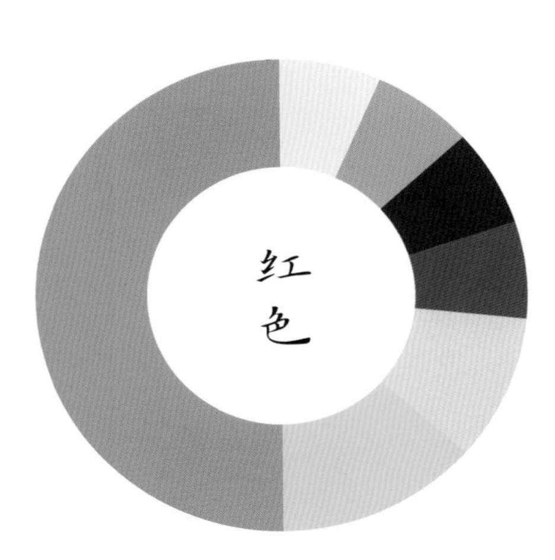


C15 M69 Y76 K0
R213 G107 B63

C2 M37 Y57 K0
R244 G180 B114

C5 M27 Y62 K0
R242 G196 B109

C62 M70 Y100 K35
R92 G66 B29

C96 M90 Y55 K30
R23 G42 B72

C57 M28 Y24 K0
R120 G160 B179

C0 M15 Y27 K0
R252 G226 B192

文物号　故 00212460

长 460 厘米　宽 262 厘米

北京

# 织毛紫地黄色云龙纹墙毯

清早期

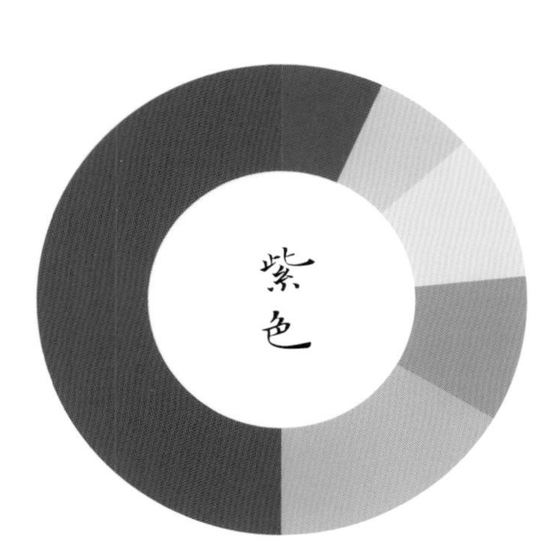


C56 M91 Y71 K29
R109 G41 B54

C15 M44 Y72 K0
R219 G158 B81

C52 M37 Y76 K0
R143 G147 B85

C6 M22 Y48 K0
R241 G206 B143

C12 M35 Y38 K0
R226 G180 B152

C75 M58 Y92 K25
R71 G86 B49

文物号　故 00212483
长 647 厘米　宽 278 厘米
绒高 0.3 厘米　穗长 11 厘米
北京

# 栽绒金线地玉堂富贵图银线边壁毯

清乾隆

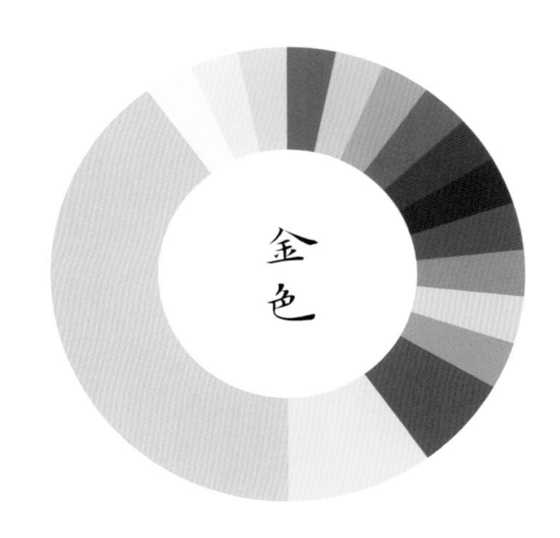


- C10 M25 Y41 K0 R232 G199 B155
- C7 M12 Y46 K0 R241 G223 B154
- C35 M95 Y78 K2 R174 G44 B57
- C22 M59 Y62 K0 R203 G126 B92
- C3 M25 Y44 K0 R245 G204 B149
- C22 M65 Y90 K0 R202 G113 B43
- C58 M67 Y97 K23 R111 G81 B38
- C77 M71 Y81 K48 R52 G52 B41
- C77 M62 Y78 K28 R64 G78 B61
- C65 M52 Y98 K9 R106 G110 B48
- C49 M25 Y51 K0 R146 G168 B135
- C23 M18 Y56 K0 R208 G200 B129
- C78 M58 Y42 K1 R72 G103 B125
- C27 M12 Y18 K0 R196 G210 B208
- M7 Y12 K0 G241 B228

文物号　故 00212457
长 560 厘米　宽 470 厘米
北京

# 羊皮地花卉万字边挂毯

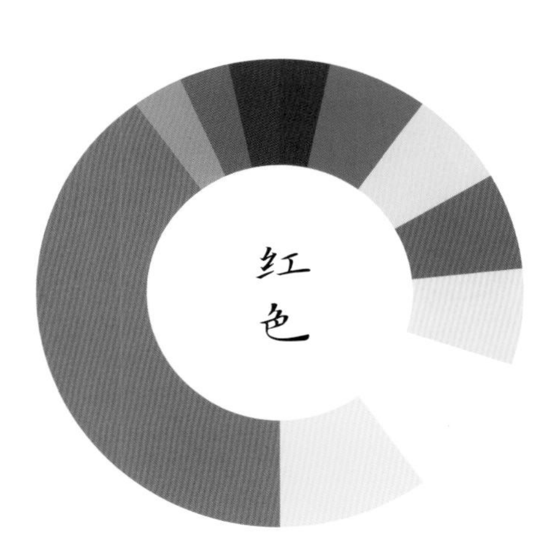


C15 M90 Y64 K0
R209 G56 B71

C4 M10 Y43 K0
R248 G230 B163

C3 M1 Y3 K0
R250 G251 B250

C6 M25 Y5 K0
R238 G206 B219

C46 M84 Y46 K0
R156 G69 B100

C30 M8 Y3 K0
R187 G215 B237

C82 M57 Y9 K0
R50 G102 B167

C92 M82 Y47 K17
R36 G58 B93

C90 M66 Y82 K16
R29 G79 B65

C73 M46 Y95 K5
R85 G117 B58

C7 M68 Y70 K0
R227 G112 B72

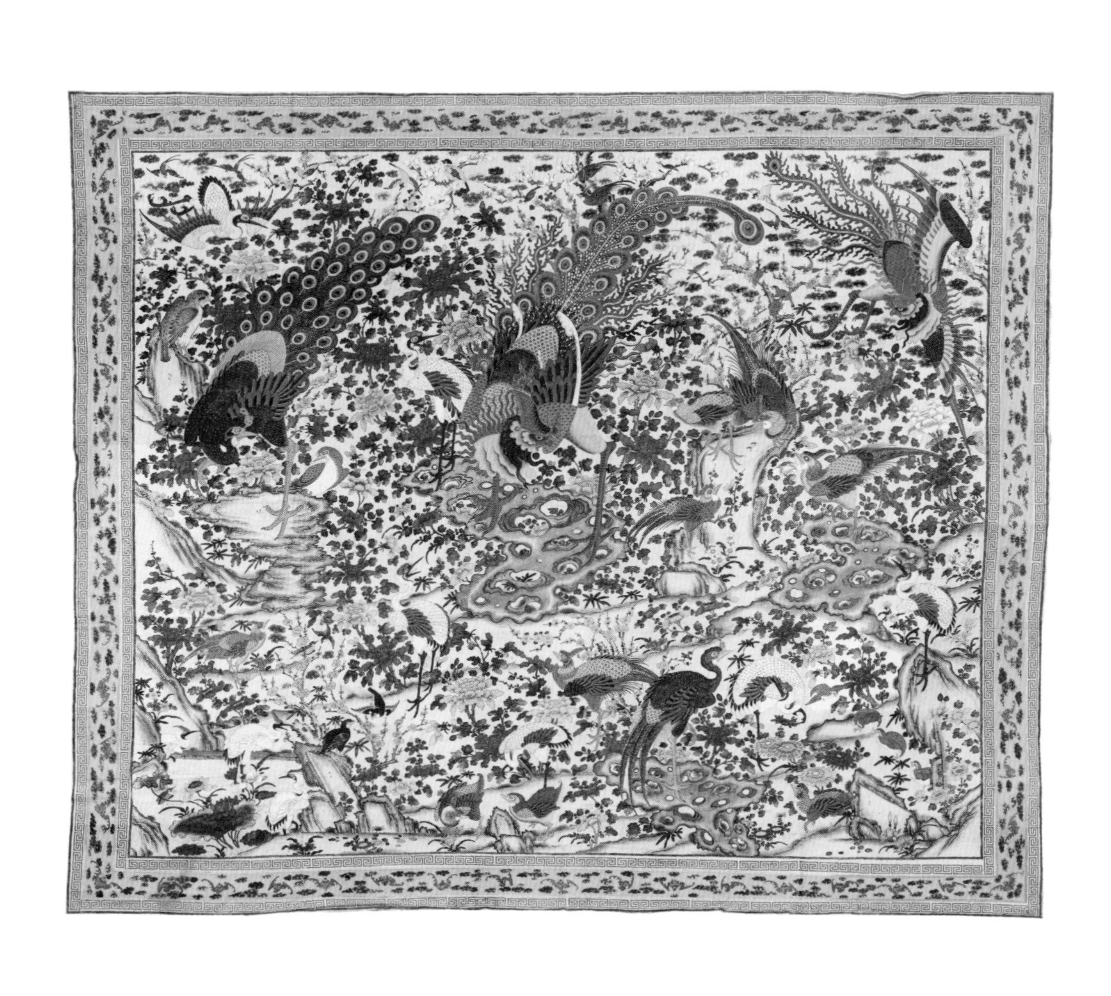

文物号　故 00212458

长 560 厘米　宽 490 厘米

北京

# 羊皮地彩绘百鸟朝凤挂毯

清光绪

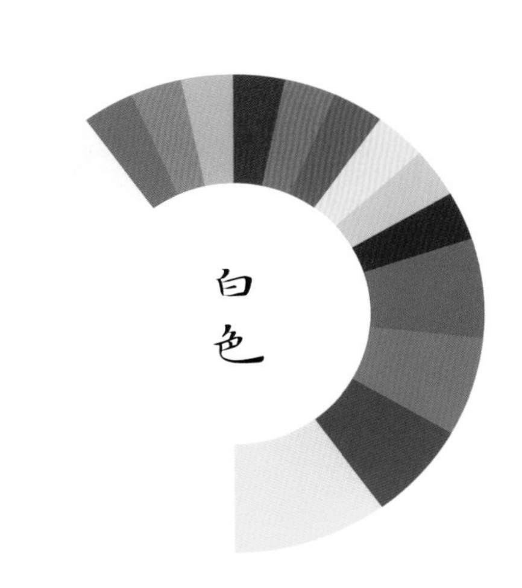


C8 M4 Y6 K0
R239 G242 B240

C8 M11 Y62 K0
R240 G222 B117

C83 M56 Y77 K20
R47 G89 B70

C65 M41 Y89 K1
R108 G132 B66

C87 M62 Y4 K0
R31 G93 B167

C96 M84 Y45 K16
R21 G56 B95

C44 M17 Y5 K0
R152 G188 B221

C8 M29 Y3 K0
R233 G197 B217

C48 M85 Y45 K0
R152 G67 B101

C25 M85 Y63 K0
R194 G70 B77

C50 M96 Y72 K18
R131 G36 B57

C5 M52 Y50 K0
R234 G148 B116

C28 M70 Y71 K0
R191 G102 B73

C48 M64 Y78 K6
R147 G102 B68

文物号　故 00212067
长 366 厘米　宽 267 厘米
北京

# 缂丝人物图挂毯

清

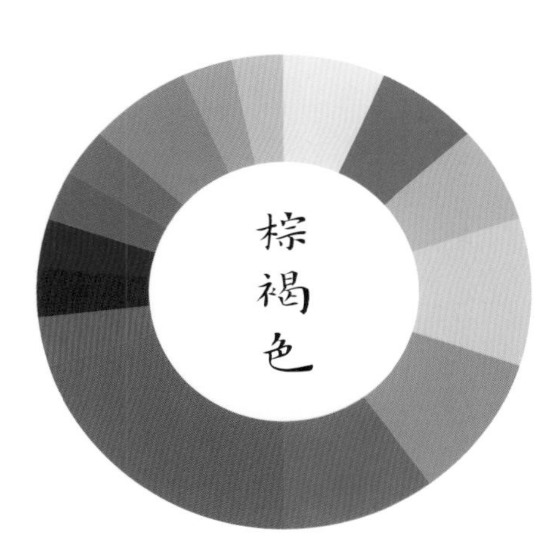


| | | |
|---|---|---|
| C57 M67 Y73 K20<br>R115 G84 B66 | C40 M65 Y96 K15<br>R153 G96 B35 | C51 M49 Y62 K0<br>R144 G130 B102 |
| C39 M24 Y21 K0<br>R168 G181 B190 | C34 M41 Y50 K0<br>R182 G154 B126 | C79 M55 Y20 K0<br>R62 G107 B157 |
| C16 M19 Y21 K0<br>R[illegible] G208 B[illegible] | C26 M35 Y62 K0<br>R199 G168 B107 | C58 M36 Y29 K0<br>R121 G147 B164 |
| C52 M55 Y53 K5<br>R138 G116 B108 | C52 M49 Y75 K0<br>R143 G128 B82 | C63 M53 Y78 K20<br>R101 G101 B67 |
| C76 M58 Y55 K15<br>R72 G93 B98 | C98 M80 Y42 K18<br>R0 G59 B98 | C90 M81 Y57 K40<br>R30 G46 B66 |
| C40 M79 Y89 K5<br>R164 G78 B48 | | |

文物号　故 00212354
长 1150 厘米　宽 900 厘米
绒高 1.4 厘米
北京

# 栽绒三彩万寿山景壁毯

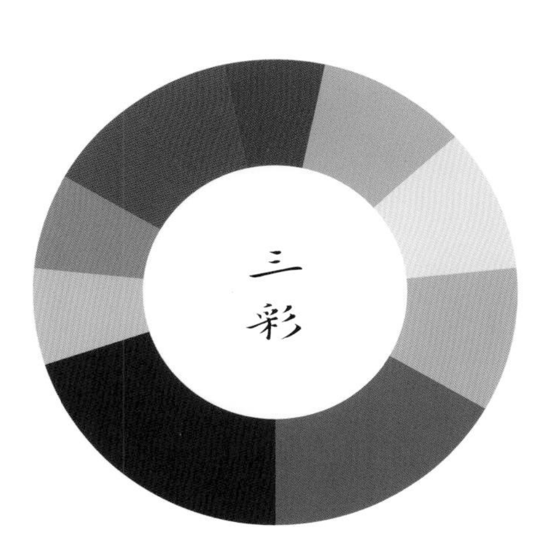


C100 M92 Y60 K35
R10 G37 B64

C88 M63 Y31 K0
R32 G92 B136

C60 M30 Y23 K0
R112 G155 B178

C20 M24 Y32 K0
R212 G195 B172

C19 M60 Y72 K0
R208 G125 B75

C45 M96 Y100 K15
R143 G39 B34

C60 M76 Y94 K35
R96 G59 B34

C74 M65 Y80 K35
R67 G70 B53

C66 M46 Y80 K0
R107 G125 B79

C38 M31 Y68 K0
R174 G166 B99

文物号　故 00212355
长 1180 厘米　宽 870 厘米
绒高 1.4 厘米
北京

# 栽绒三彩万寿山景壁毯

清晚期

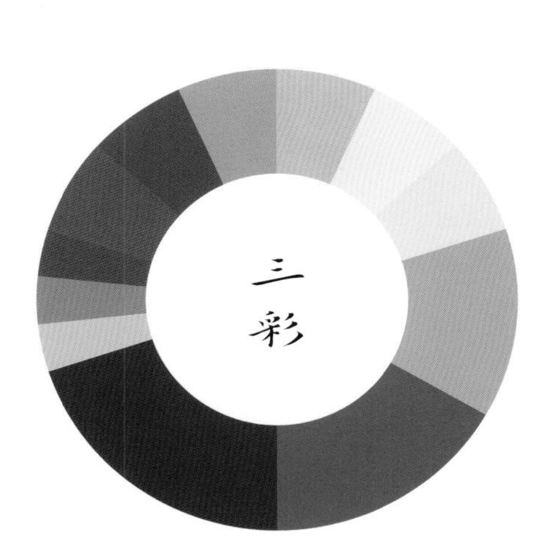


C98 M94 Y50 K21
R25 G42 B82

C90 M67 Y21 K0
R25 G86 B144

C60 M25 Y10 K0
R107 G162 B202

C26 M11 Y4 K0
R197 G214 B233

C7 M14 Y20 K0
R239 G224 B205

C24 M36 Y46 K0
R203 G169 B137

C14 M62 Y78 K0
R217 G122 B62

C40 M99 Y98 K5
R163 G34 B38

C60 M75 Y86 K33
R98 G62 B43

C73 M66 Y92 K30
R75 G73 B44

C62 M43 Y74 K0
R117 G132 B88

C26 M20 Y60 K0
R201 G193 B119

Traditional
Colors
of China

搭
毯

清郎世宁画《弘历戎装骑马像》轴中的木红地云纹边龙纹马鞍毯

文物号　故 00212405
长 196 厘米　宽 100 厘米
绒高 0.8 厘米
宁夏

# 栽绒黄地团龙纹马褡

清晚期

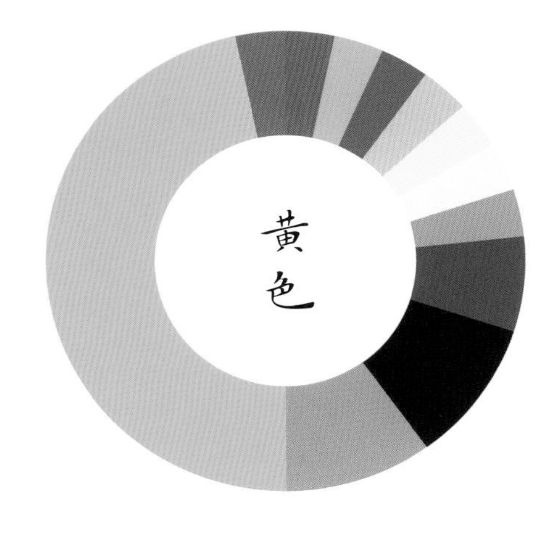


C0 M32 Y86 K0
R249 G188 B41

C12 M50 Y88 K0
R223 G147 B42

C100 M96 Y56 K31
R17 G34 B69

C87 M70 Y27 K0
R47 G83 B135

C52 M26 Y15 K0
R133 G168 B195

C10 M2 Y5 K0
R235 G243 B244

C0 M4 Y24 K0
R255 G246 B208

C15 M18 Y63 K0
R225 G205 B113

C61 M51 Y90 K8
R116 G114 B58

C0 M50 Y36 K0
R242 G155 B142

C33 M84 Y60 K0
R180 G71 B82

C31 M74 Y92 K0
R185 G93 B43

# 故宫藏毯色谱

## 清

C40 M63 Y88 K0
R169 G110 B54
栽绒黄地二龙戏珠纹地毯

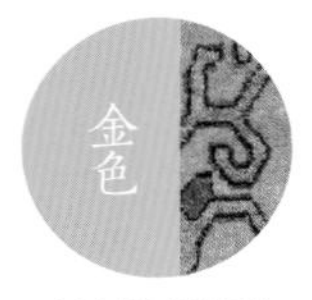

C0 M42 Y87 K0
R246 G168 B38
栽绒金地蓝色团蝠纹毯

C42 M100 Y94 K3
R161 G33 B43
栽绒红地三团花纹蓝色万字边地毯

C57 M67 Y73 K20
R115 G84 B66
缂丝人物图挂毯

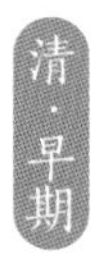


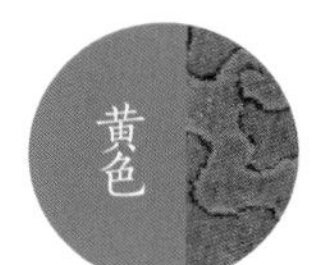

C44 M66 Y100 K0
R161 G103 B38
栽绒黄地二龙戏珠纹大地毯

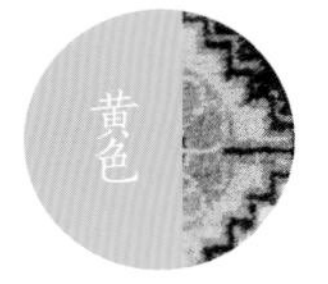

C0 M36 Y73 K0
R248 G181 B78
栽绒锦花纹牡丹花边地毯

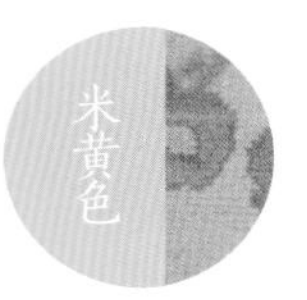

C3 M24 Y49 K0
R246 G205 B140
栽绒米黄地缠枝莲纹地毯

C7 M27 Y52 K0
R238 G196 B131
栽绒米黄地勾莲纹万字边地毯

C24 M51 Y50 K0
R200 G141 B118
栽绒浅驼地锦花地毯

C25 M93 Y94 K0
R193 G50 B38
红色漳绒云龙纹炕毯

C56 M91 Y71 K29
R109 G41 B54
织毛紫地黄色云龙纹墙毯

## 清·中期


C21 M76 Y48 K0
R201 G90 B101
栽绒红地花卉锦纹边地毯

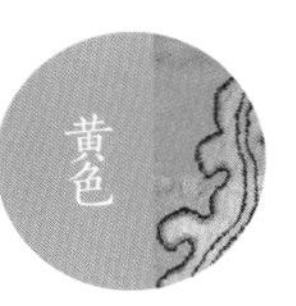

C16 M47 Y87 K0
R217 G151 B47
栽绒黄地双凤牡丹回纹边地毯

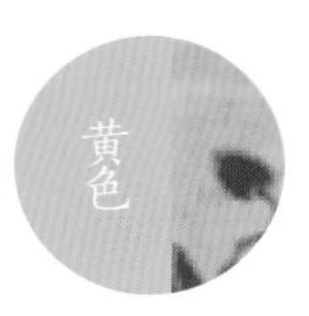

C2 M40 Y88 K0
R244 G171 B35
黄色漳绒桃蝠纹炕毯

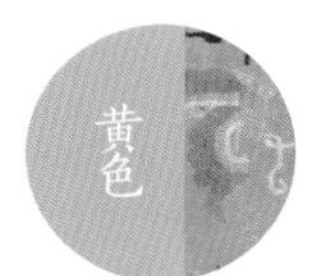

C16 M35 Y72 K0
R219 G174 B85
栽绒黄地四狮花卉纹地毯

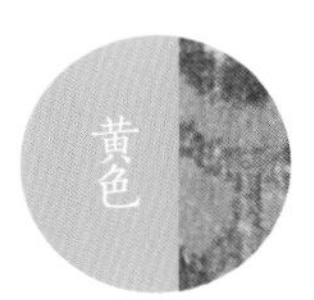

C7 M28 Y84 K0
R238 G191 B52
栽绒黄地小团花地毯

C62 M90 Y58 K18
R109 G48 B75
栽绒紫地蓝色花地毯

C3 M25 Y72 K0
R246 G200 B85
栽绒黄地花蝶回纹云头边地毯

C91 M83 Y50 K28
R35 G51 B81
栽绒蓝地云蝠纹地毯

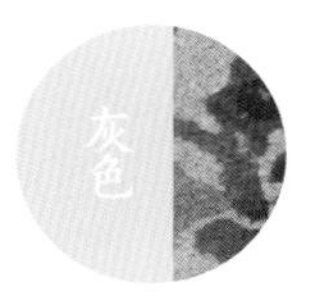

C12 M11 Y20 K0
R230 G225 B207
栽绒灰地团花鸟纹紫色边地毯

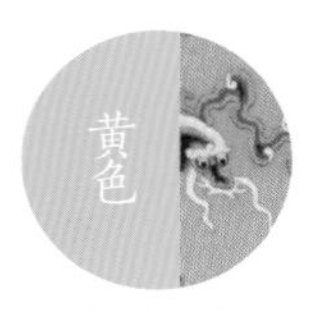

C0 M35 Y73 K0
R248 G183 B79
黄色呢绣团龙蝠炕单

C15 M69 Y76 K0
R213 G107 B63
栽绒红地龙花人物图毯

C100 M92 Y60 K35
R10 G37 B64
栽绒三彩万寿山景壁毯

C98 M94 Y50 K21
R25 G42 B82
栽绒三彩万寿山景壁毯

C0 M32 Y86 K0
R249 G188 B41
栽绒黄地团龙纹马褡

C4 M4 Y12 K0
R248 G245 B230
栽绒白地五彩龙戏珠纹地毯

C25 M50 Y78 K0
R199 G141 B69
栽绒勾莲二龙戏珠纹地毯

C25 M75 Y94 K0
R196 G92 B37
栽绒红地二龙戏珠纹勾莲边地毯

C9 M42 Y84 K0
R231 G164 B52
栽绒万字锦纹地毯

C2 M22 Y55 K0
R249 G208 B128
栽绒金线地莲枝花地毯

C18 M83 Y96 K22
R176 G63 B22
栽绒木红地云龙纹地毯

C74 M46 Y85 K0
R83 G120 B74
绿色毛毡印云蝠炕毯

C13 M31 Y62 K0
R226 G184 B108
栽绒金线地莲枝纹地毯

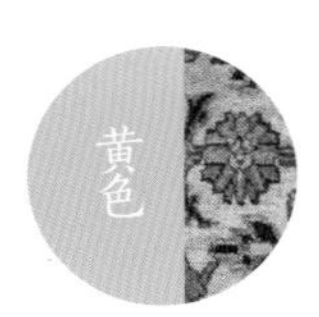


C13 M23 Y44 K0
R227 G200 B150
栽绒金线地花卉银线边地毯

C8 M25 Y53 K0
R236 G199 B130
栽绒金线地花卉银线边地毯

C0 M20 Y78 K0
R253 G210 B69
栽绒黄地五彩花卉地毯

C2 M23 Y68 K0
R249 G205 B96
栽绒金线地花卉银线边地毯

C10 M28 Y76 K0
R233 G190 B76
栽绒金线地花卉银线边地毯

C20 M38 Y68 K0
R211 G166 B93
栽绒金线地牡丹花回纹边地毯

C9 M22 Y63 K0
R236 G202 B110
栽绒金线地花卉银线边地毯

C27 M57 Y88 K0
R195 G127 B49
黄色漳绒九龙牡丹纹毯

C67 M80 Y93 K56
R62 G36 B20
绛色呢绣凤穿花卉纹炕毯

C10 M25 Y41 K0
R232 G199 B155

栽绒金线地玉堂富贵图银线边壁毯

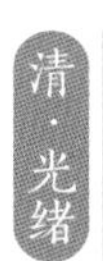

C20 M55 Y76 K0
R208 G134 B70

栽绒黄地双狮戏球纹地毯

C15 M31 Y94 K0
R223 G180 B14

栽绒黄地斜方格梅花纹地毯

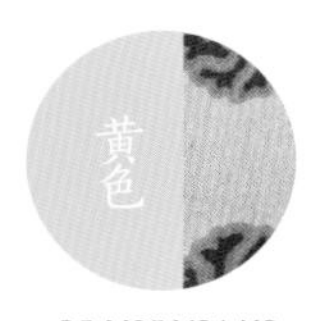


C5 M25 Y81 K0
R243 G198 B61

栽绒黄地四合如意回纹边毯

C16 M89 Y98 K16
R187 G53 B22

栽绒木红地三彩勾莲纹大地毯

C30 M97 Y100 K0
R185 G38 B34

红色呢绣双喜字龙凤彩云子孙万代炕单

C15 M90 Y64 K0
R209 G56 B71

羊皮地花卉万字边挂毯

C8 M4 Y6 K0
R239 G242 B240

羊皮地彩绘百鸟朝凤挂毯

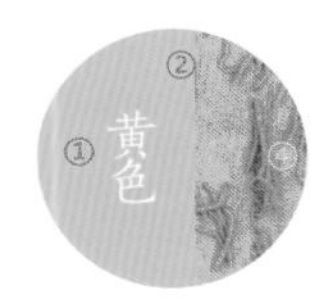


C0 M32 Y86 K0 ③
R249 G188 B41

戕绒黄地团龙纹马褡 ⑤

注:

①色相 ②色名 ③色值

④文物局部 ⑤文物名称